国学关键词著述

孝悌与君子

韩德民 主编　韩德民 著

北京联合出版公司
Beijing United Publishing Co.,Ltd.

目录

引言

一

人在幼小的时候，普遍对父母表现出孺慕依恋的感情，成年后，则会有感恩的心理，并想有所回报，这就是孝的本义。所以孟子说：“人之所不学而能者，其良能也；所不虑而知者，其良知也；孩提之童，无不知爱其亲者。”（《孟子·尽心上》）在传统中国人的精神生活中，孝不仅是自然的感情，而且被提升为重要的伦理原则。现代思想家梁漱溟（1893—1988）认为，中国文化可称为“孝的文化”，孝在中国文化中有特殊的地位和作用，忽略这一点，就表明对中国文化的精神还没有真正体会。这种特征是如此突出，以至很多人单是凭借片段材料，也会即刻获得类似印象。在法国启蒙思想家孟德斯鸠（1689—1755）笔下，有这样的描述：“中国的立法者们……认为应该激励人们孝敬父母；他们并且集中一切力量，使人恪遵孝道。他们制定了无数的礼节和仪式，使人对双亲在他们的生前和死后，都能克尽人子的孝道。……

这个帝国的构成，是以治家的思想为基础的。”①

儒家思想是传统文化的基础，代表儒家主流思想的有“十三经”，《孝经》就是其中之一。《孝经》借孔子之口说：“夫孝，天之经也，地之义也，民之行也。天地之经，而民是则之。则天之明，因地之利，以顺天下，是以其教不肃而成，其政不严而治。”“经”就是基本原则。按《孝经》的说法，“孝”是天经地义，所以人不应该违背。孝是自然，更是人情。顺应这种规律，社会文化就能健康发展，所以说“不肃而成”“不严而治”。作为自然性的心理本能，孝在世界各民族中是共通的，甚至动物身上也有类似表现。但将它提升为普遍的伦理规范，作为整个社会文化秩序的立足点，这在各大文化圈中，却是例外。孝体现的是家庭内部的上下关系，作为其补充，还有横向的兄弟关系，兄弟间的互相友爱叫作悌，这事实上是顾念父母养育之恩的特殊表现形式，所以习惯上“孝悌”联称，共同指代血缘性的家庭及家族伦理。

孝在传统精神生活中的地位，在思想史和文学艺术史中，都有相当充分的体现。就思想史言之，孔孟儒学的出发点，就是亲亲之仁，或者说孝悌。这种出发点的选择，笼罩着两千多年来整个中国思想史的起承转合。就文学艺术史来说，从《诗经》开始，对孝亲之情的咏叹，一直就是包括诗歌、辞赋、小说、戏曲、绘画等在内的各门类艺术表现的重要主题。古语云：“树欲静而风不止，子欲养而亲不待。”这是以尽享天伦为人生至乐的幸福观，反之，则是世事难以周全，孝子往往不能尽养的憾恨。《诗经·小

① 孟德斯鸠：《论法的精神》，第315页，张雁深译，商务印书馆，1961年版。

雅》中有首《蓼莪》，以习称“抱娘”的蒿草起兴，哀婉凄楚、淋漓尽致地抒发了孝子的这种憾恨。诗中咏叹说：高高大大，是盘根丛生的抱娘蒿吗？原来只是寻常的青蒿；想起弯腰驼背的父母，生我养我费尽辛劳；高高大大，是盘根丛生的抱娘蒿吗？原来只是寻常的牡蒿；想起面容憔悴的父母，生我养我勤勉操劳；酒瓶叮当响，只因酒坛里面空荡荡；没有希望的时代，死去倒比活着强；没有父亲去依谁？没有母亲去靠谁？每次出门都满怀忧愁，每次回来都像走错了地方；父亲啊生了我，母亲啊养了我，抚摸我，疼爱我，喂养我，扶携我，用口含着我呵，用手捧着我，出门入门每时每刻不忍放下我；多么想能回报这样的恩情呀！可苍天无眼，竟降下这样的人间惨祸。《蓼莪》千百年来广为人们传诵，固然是由于其本身的艺术感染力，但更重要的原因，可能还在于它联系着中国人深层心理中的一个情结。孝亲之情集中体现在父母和子女的关系中，但不局限于此。在宽泛的意义上，幼辈对亲族长辈的爱敬，都可以概括在孝的范围内，其中以孙子女与祖父母的关系最为突出。抒发这种感情的作品也很多，如唐代李密的《陈情表》，就是其中的名篇。

二

早期人类没有明确的自我观念，又没有形成固定的对偶婚制度，人和人之间的血缘关系不够清晰。在这种情况下，孝作为感恩心理所联系着的对象，就不是具体的父母双亲，而是作为原始人类生存家园的整个大自然，只不过在原始人的意识中，这是个被神异化了的大自然。自然性的神灵意识经过长时间的进化，人类才从中逐步分离出关于自己的祖先的观念。《礼记·郊特牲》解释敬祖的意义说："万物本乎天，人本乎祖。"但即使在形成明确的祖先崇拜之后，天与人在中国人的观念意识中，仍是相通的。有的历史学家分析"天"的字形，认为它由"一"和"大"两部分组成，其中"大"是"人"的象形，"一"则表示这个"人"不是普通的现实中的人，而是摆脱了肉体限制，上升到至高处的人的灵魂，也就是人的祖先神。"天"后来成了自然现象总称，但其始终保持着与人的相通性，这或者也是"天人合一"命题最早的精神渊源。

著名学者顾准（1915—1974）曾谈到西欧文化源头上的特点。他认为，最初构筑西欧文明框架的，是远古时期的三支海上文明。所谓海上文明，指人们因为各种不同的动机，离开故土而漂洋过海到新地方聚居形成的共同体。这样的移民过程，不同于游牧民族的陆上迁移，它不是以氏族为单位的整体行为，而是个体行为。它需要经历一段与自然而非与人的斗争历程，最后才能到达新的海岸。在新的落脚点，周围的一切都是陌生的，要生存，必须筑城聚居，然后逐步扩大活动范围。相反，非海上文明的起源，都是部落胞族的集团，有自己的部落王，各部落间相互征服、兼并，逐步扩大为王国或帝国。[①]就前者说，人们基于经商或寻求新的生存空间的动机，以探险的方式到新地区重新聚居。在这新的聚居区里，相互间往往是陌生人，这些人过去在各自团体中的身份，

---

① 参看《顾准文集》，第282—285页，贵州人民出版社，1994年版。

无论好还是坏、高或者低，在新的交际范围里，基本上失效。陌生人之间谈不上信任不信任，这种关系可能导致敌意并引发征服冲动，但在征服不成功而又必须交往的情况下，就只有通过签订契约来保证双方权利义务的平衡。这种生活环境及交往方式，反映到观念领域，就是很强的自我意识和权利观念，而对自己在原有氏族团体中的亲属身份，却可能看得很淡。

古代中国的文化起源，与古希腊式的海上文明有很大差异。松软的黄土，使中国很早利用木器和石器进入发达的农耕文明时代成为可能，这又决定了人们聚族而居，形成安土重迁的生活习惯和观念。直到西周时期，虽然形成了高度发达的国家行政组织，人们却始终都是以氏族群体的形式聚族而居。不仅统治者如此，甚至被征服的氏族组织也被继续保留。人们始终生活在自己的氏族群体中，他们所面对的，都是自己的亲属，根据亲属关系的不同，其行为方式也就相应地会有所变化，这是人性的自然。对同胞兄弟与对路人，亲疏理所当然会有差异。与自己的父母等亲人交往，不可能十分在意公平与否。在这样的社会心理领域，人们关注的，首先不是个体的权利，这既不应该，也无必要。以契约形式明文规定的权利观念之所以形成，是因为要和陌生人打交道。陌生人往往不会替你考虑，只有你自己努力保障自己的利益。而在自己的家庭中，只要尽力替家人着想就可以了。从感情上说，这是情愿的；从实际利益上说，自己不考虑自己，只考虑家人，家人当然就会更爱自己，会替自己考虑，甚至比自己考虑得还周到。反过来，如果不首先替家人考虑，而时时处处主张自己的所谓权利，那结果必然是被当作自私小人，成为家庭中不受欢迎的人。做小人，一方面会破坏家庭团结，影响家庭内部的亲和力；另一方面从自己来说，不仅要承受舆论上及心理上的压力，而且要在实际利益分配中落入被歧视地位。因此，在这种按血缘亲属关系组成的宗法团体中，无论从积极的方面着眼，还是从消极的方面着眼，个人与团体利益都高度一致，人们很少会单独考虑自己如何；当他反省自己时，往往是从某种具体身份出发，而这身份又联系着相应的义务，如作为儿子应对父母尽何责任，作为父亲应对子女尽什么责任，作为兄长应如何对弟弟，作为弟弟应如何对兄长。这也就是曾子（前505—前436）说的："吾日三省吾身，为人谋而不忠乎？与朋友交而不信乎？传不习乎？"（《论语·学而》）

在中国人的心理世界中，占据支配地位的，是人伦。人伦的立足点则是自我从属的各种亲属关系，是血浓于水的同胞深情。面对隐逸之士的劝导，孔子自明心曲说："鸟兽不可与同群，吾非斯人之徒与而谁与？"（《论语·微子》）人不可能和鸟兽同群共处，尽管社会有许多的阴暗，你也只能在这个社会中实现自己的价值。这不单是孔子的个体选择，将生命的立足点安置在人与人的相互性关系中，这也是中国文化对生命提升方式的基本设计。对不同的人伦关系，根据身份地位和亲疏远近的差异，传统思想都提出了不同的要求。其最重要者，按孟子的概括，就是："父子有亲，君臣有义，夫妇有别，长幼有序，朋友有信。"（《孟子·滕文公上》）这也就是人们常提到的"五伦"，即君臣、父子、夫妇、兄弟、朋友。《礼记·礼运》的表述是："何谓人义？父慈、子孝、兄良、弟悌、夫义、妇听、长惠、幼顺、君仁、臣忠，十者谓之人义。”尽管具体表述有所差异，但基本精神都无疑义地立足于亲亲和尊尊。亲亲以和同，尊尊以别异。[①]家庭之所以为家庭，就在于人们在这里可以获得心灵的慰藉、感情的体贴和温暖。没有亲亲则家庭就会失去亲和力。但家庭又是社会的最基层组织，是组织就不能没有秩序，要有秩序就不能齐同划一，而必须保持某种差异。这种差异的根据，就在于长幼尊卑及贤愚，这就是尊尊。

近代学者刘师培（1884—1920）于20世纪之初曾在《伦理学教科书》中说，中国家族伦理莫重于父子一伦，尤以孝德为重，故儒家以孝为百行之首。五伦不是平行的，其中以父子关系最重要。中国几千年来都是男性中心社会，家庭亲属结构围绕男性家长展开，家庭（族）的发展延续表现为男性家长职位的嬗递，所以宗法伦理的重心，落实在对父子关系的规范上。当代基督教神学家何世明（1911—1996）比较儒家文化与西方文化传统说：若说人必须与别人相共处而始成其为人，那是对的。但何以人与人之间必须讲求亲爱而不讲求利害或权责呢？若说人不能离群而独居，必赖相互倚赖然后能成社会，然后能成人生，那在主功利的思想中，也是可以见得出来的。但功利主义者的想法，每每即和儒学主张绝对不同。他们讲人和人的关系，多是先有权责观念的划分，后有相互携手的合作。那关系的基础，纯然是建基于利益的，也可以说是出发于理性的。但儒者讲人和人的关系，却先要有彼此相关的情谊，后有如同一家的共处。那关系的基础，又可

① 参看余敦康：《论儒家伦理思想》，《中国哲学论集》，辽宁大学出版社，1998年版。

说纯然是建基于心性的，也可说是出发于感情的。同是说人与人间的关系，何以两者之间，会有这么大的悬殊呢？……儒者之仁，不能单从人与人之间的关系说，而必须从人与人之间的相亲相爱的关系说。……儒家何以要立“爱人”为“仁”之本，亦即为“人”之本呢？其最初的源流，实从孝道始。五伦之中，唯父子关系，是与生俱来、人人皆有的。儒者实即以此人人所必有的最原始的父子关系，作为人与人之间一切关系的基本。①《左传·隐公三年》有“父慈子孝”之说，代表着理想的父子关系。孝慈的要求中，又以孝为重心。孝，及作为孝的补充的悌，代表了以血缘伦理为基础的传统意识形态的核心，所以孟子说：“尧舜之道，孝悌而已矣。”（《孟子·告子下》）在孔孟儒家，对孝悌伦理强调的是“父子有亲”（《孟子·滕文公上》），但家庭（族）伦理亦与政治道德密切相关，所以，汉代以后，随着君主专制地位的强化，政治反过来影响到家庭内部的伦理原则，对名分等级的强调也渐渐超过对亲亲的强调，这样五伦说就演变为三纲说了。

三

作为公共组织与协调管理机构的国家，是近代西方文化传入以后的产物。古代中国习惯上将华夏文化传扬所及的范围都称作“天下”。“天下”在正常情况下应该是政令统一的，即使在特殊情况下出现了分裂，也终究会重新恢复大一统。对中国人来说，“天

① 参看何世明：《从基督教看中国孝道》，第2—3页，宗教文化出版社，1999年版。

下”不是表示自然空间范围的地理概念，它意味着源自共同祖先的所有后代子孙所组成的共同体，这个共同体成员为某种血脉相通的亲情所联系，并由“天”在人间的子孙的代表——“天子”主持。“天子”是“天”的精神象征，同时也代“天”行政。不仅“天子”“作民父母”，而且受“天子”委派具体实施治理的各级官吏，对下属百姓也享有父母的资格，所谓“父母官”。

包括中国在内的东方社会，在其发展过程中，表现出许多与西欧社会明显不同的特殊性，为解释这种特殊性，马克思（1818—1883）提出“亚细亚社会”的概念。“亚细亚社会”最突出的特点，是“氏族制遗留”，就是说，政治国家与血缘性的氏族亲属组织始终没有完全分离，从而形成“家国一体”的结构模式。在这个意义上，德国社会学家马克斯·韦伯（1864—1920）甚至称中国为家族结构式的国家。夏商周三代，无一例外地实行宗法封建制度，天子作为天下的共主，按血缘联系的亲疏远近，分封同姓诸侯至各地建立政权。对异姓集团，也通过姻亲等渠道形成甥舅之类关系，再参照同姓血缘关系进行分封。诸侯同样依据血缘亲疏向下分封自己的属地，直至作为社会最基本单元的家族与家庭。天子既是整个国家的行政首长，更是整个天下的大家长。其与社会其他成员的关系，既是与臣民的关系，又是与子女的关系。“君父”与“子民”之说的现实前提，概由于此。春秋时期，传统的宗法封建制度解体，到秦统一中国正式实行郡县制度，国家政权始与氏族血缘性的族权分离。但三代宗法封建制度所依据的那套原则，却已深入人心。汉代统治者吸取秦二世而亡的教训，其中很重要的一条，就是应该有意识地利用历史悠远的宗法伦理精神，替自己的统治寻求合法性基础。

宗法伦理的生命力，更重要的在于其现实基础。三代时期的氏族组织，经春秋战国漫长的社会转型冲击，大都先后解体，不再保有对国家政权组织方式的影响。但由于中国社会的生产方式和生产力水平都没有根本改变，聚族而居、安土重迁的生活观念仍然保持着，因此，在原有的与政权密切相关的氏族组织解体之后，各地都生成众多新型的家族群落。家族是家庭的扩大，若干家庭按血缘联系组织在一起，就形成了家族。家族的外观形式，通常就是自然村落，一个普通村落往往就是一个家族，或几个家族。组成家族的不同家庭，日常生活各自进行，但诸如祭祀、教育等大事则共同进行。家族通常设有自己公共的祠堂、族田、义庄、学校等，其内部组织与早期氏族组织一样，都是依据宗法血缘关系缔结而成，所以叫作宗法家族。这种家族组织几千年来一直延续，构成社会结构的基层单元，表现出特殊的生命力。

梁漱溟说，中国人的“家”之特见重要，正是中国文化特强个性之一种表现。他通过多方引证进行分析说，保护中国民族的唯一障壁，是其家族制度。这制度支持力之坚固，恐怕万里长城也比不上。一般学者都说古代罗马的家族制度精神之覆灭，是基督教侵入罗马之结果。但中国自唐代有景教（唐代时对传入中国的基督教的称呼）传入以来，中经明清两代传教以迄于今，所受基督教影响不为不久，其家族制度却依然不变，且反转而有使基督教徒家族化之倾向。佛教在中国有更长久之历史，但谓佛教已降服于此家族制度之下，亦不为过。佛教的僧伽制度，本为平等个人和合清众的集团，但到中国亦成中层家族的大寺院及下层家族的小庵堂。佛教本是反家族的或非家族的，但传入中国后，就很快中国化。超度七世父母的盂兰盆会，成为佛教的盛典；与家族无关的佛学奥义，则不被重视。佛教、基督教本是家族制度的敌人，到中国却转而成了维护家庭制度的助力，从中可以体会中国家族制度的顽强。

四

《礼记·曲礼上》说，做子女的，自小就要注重人子之礼，将孝的观念装在心上。冬天要想到将父母的被子烤热，夏天要想着将父母的席子扇凉，晚上临睡前应请安，早上起床后要问好；在同龄的伙伴中，不要和人家争辩，以免情绪冲动，闹出事端，让父母担心。见到父亲的同辈朋友，不让上前，不要上前，不让退下，不要退下，不询问，不抢着说话。出门要想着请示，回来也及时汇报，以免父母不放心。结交朋友，要选品行良好的正派人，学习知识，也要有个明确的方向，这样才能使父母对自己的成长感到踏实。只要父母还在世，就不要声称自己年纪大了，以免引起父母的感伤。类似人子行为的规范，《礼记》等书中还有非常多。后来，各地的大家族往往还结合自己的情况，制定专门的家范家规。父母是第一个老师，家庭是最初的学校，就人生观念的确立言之，家庭教育造成的影响远胜普通学校。可以想见，自幼在规范细密的家族环境中长大，诸如此类的宗法伦理观念对中国人的影响会有多深，日后构成人们基本生活指南的，往往就是幼时被灌输的这些观念。

在极端重视名分等级的宗法家族之中，人们往往养成恭敬驯顺的个性，所谓“乖”。这样的性格气质，从政治统治的角度言之，同样具有重要意义。对此，西周初年的政治家周公旦（生卒年不详），在对康叔（生卒年不详）的教诲中就已经阐述得非常明白了：“封！元恶大憝，矧惟不孝不友。子弗祗服厥父事，大伤厥考心；于父不能字厥子，乃疾厥子。于弟弗念天显，乃弗克恭厥兄；兄亦不念鞠子哀，大不友于弟。惟吊兹，不于我政人得罪，天惟与我民彝大泯乱。曰：乃其速由文王作罚，刑兹无赦。”（《尚书·康诰》）意思是说，最大的恶行，莫过于不孝顺父母，不友善兄长。做儿子的不侍奉父亲，深深地刺伤父亲的心；做父亲的不抚爱幼子，使孩子心情抑郁；做弟弟的罔顾天理人情，对兄长不恭不敬；做兄长的也不顾念父母生养子女的苦心，丝毫不想着善待弟弟。父子兄弟而至于如此，必至天下大乱、社稷倾覆，所以要抓紧煞住这样的歪风，恢复正常的人伦礼义。

法家站在君主绝对专制的立场，曾对孝悌精神进行攻击。但由于家族制度盘根错节，宗法伦理源远流长，将政治道德与血缘伦理对立起来，势必会两败俱伤。考虑到这种格局，历代统治者都采取接受孝悌伦理，然后进行适当改造，使之为自己服务的策略。这种改造最重要的环节，就是从五伦向三纲的转变。五伦作为道德要求，对关系双方是相互性的，三纲则强调的是单方面的义务。“三纲”之名，首见于汉代思想家董仲舒（前179—前104）的《春秋繁露》中，最早阐明其中的尊卑不同的，是《礼纬·含文嘉》：“君为臣纲，父为子纲，夫为妻纲。”“纲”意味着原则、标准、尺度，显然，这是单方面的要求。《白虎通》在此基础上，提出“三纲六纪”之说，成为传统中国文化理想的集中概括。通过这种改造，“君”与“父”的名位合一，“臣”与“子”的功能汇通。父子既与君臣的关系对应，自然要更多地注重礼仪上下，而君臣虽云尊卑，但在“君父”之称的笼罩下，也不能不顾及父子式的恩义。这种改造事实上是把政治与家庭两种不同的伦理要求结合起来了，一方面，扩大了父子孝悌伦理的适用范围，另一方面，也是替君臣政治关系的滋养开发了取之不尽的营养空间。有了这种改造，汉代才可能提出“以孝治天下”的口号，此后历代王朝也才忠孝并称。这种政策对于增强君主专制制度的合法性起到了非常有效的作用，其影响深远。

五

《后汉书》卷七十一《第五伦传》有如下对话：“或问伦曰：‘公有私乎？’对曰：‘……吾兄子常病，一夜十往，退而安寝；吾子有疾，虽不省视，而竟夕不眠。若是者，岂可谓无私乎？’”确实，舐犊情深，父母对子女的爱，出于天伦至性。子女某种意义上就是父母的一部分，从子女的成长中，父母感受到的，是自我生命的延续，其倾力看顾养育之心可想而知。像瞽瞍那样的父亲，实在是非常少的。而且在中国人看来，瞽瞍的糊涂，很大程度上是后母不贤、多进谗言的缘故。后母的不贤，又很大程度上是因为她与舜没有血缘关系。正是基于这样的认识，中国伦理秩序的建构，就出现了从五伦到三纲的发展，片面相信父亲对儿子的爱，单纯对子女的义务进行要求。但任何现实的关系，都不可能是单纯的感情关系，而必然包含着利益，即使在父子间也不例外。当父子间的关系扩展为更大范围内的家族亲属关系时，这种利益的成分就会进一步增加，而随着利益成分的增加，单纯感情作用必然会减弱。对于利益分配关系来说，没有双方相互间的制衡，就必然出现单方面的倾斜，这就导致了现实生活中父权的过分膨胀，及相应的子权的不恰当萎缩。五花八门的愚孝就是在这样的背景下出现的。

更关键的还在于，中国的孝悌伦理并不局限于家庭范围，它还是政治领域里的行为准则。对君臣及官民这些拟父子关系来说，没有血缘父子间自然亲情的调和，利益分配问题更为突出。在这样的关系中，片面强调其中一方对另一方的服从，就失去了双方良性互动的可能性。其结果，一方面是君与官的权威的膨胀，另一方面是臣与民的地位的萎缩。从人性发育的角度来说，这种关系对双方都不利。被压抑的现实地位，固然不利于自我个性的发育，但过分膨胀的权威，也使处在这种地位中的人失去了与他人对话交流的可能，而没有平等的对话和交流，个性精神的发育就得不到外来营养的补充。这样的所谓权威，由于没有建立在丰满健康的主体之上，往往就会流为非理性的感性发泄，所谓滥施淫威。自古人们渴望圣君，而对照历史，却是圣君少而暴君多，究其原因，就在于过分膨胀的君主权威，使他失去了外在的约束，也就失去了心灵境界不断提高的可能，所谓修养只能是空话。在官与民的关系上也是如此。

基于这样的原因，进入 20 世纪之后，人们在反省传统君主集权制度之余，对传统宗法伦理也发出了疑问。包括鲁迅（1881—

1936）、胡适（1891—1962）、陈独秀（1879—1942）等新文化运动的代表人物，都对孝悌为核心的宗法伦理痛加诋斥。如鲁迅在《我们怎样做父亲》一文中，就依据他当时接受的进化论的原理，对传统“伦常”进行批驳：“‘三年无改于父之道可谓孝矣’，当然是曲说，是退婴的病根。假使古代的单细胞动物，也遵着这教训，那便永远不敢分裂繁复，世界上再也不会有人类了。”并大声疾呼道：“此后觉醒的人，应该先洗净了东方古传的谬误思想，对于子女，义务思想须加多，而权力思想却大可切实核减，以准备改作幼者本位的道德。”这种批驳当然不是严格意义上的理论分析，却传达出一种时代性的气氛。就此而言，现代作家巴金（1904—2005）的长篇自传体小说《家》更具象征意义，它对家庭，这个千百年来中国人视为神圣的生命寄托，采取了全面解构的态度，这种姿态对传统文化造成的冲击，可能比“五四”时期的理论批判更强烈。

新文化运动初期，有人提出要全面废除家庭，将其称作万恶之源。[①]这种对传统生活方式和伦理观念的激烈态度，20世纪二三十年代还停留在观念的形态，四十年代之后，却开始展示出其在现实实践领域的影响。事实证明，传统的家族制度及孝悌伦理，在历史上固然造成了很多消极的影响，但在中国这块土地上，

① 持这种观点的，并非只是陈独秀、李大钊等代表新文化运动左翼的人物，还包括傅斯年这种类型的温和自由主义者，乃至熊十力这种后来非常著名的文化保守主义者。直至1951年，熊十力还说：“家庭为万恶之源、衰微之本，此事稍有头脑者皆能知之，能言之，而且无量言说也说不尽。”（《十力书简——致梁漱溟》，转引自余英时《论士衡史》，第320页，上海文艺出版社，1999年版）

狂热地打碎家庭（族）结构，全盘否定孝悌伦理的结果，短时间内不会有助于个性的充分发育和权利的全面伸展。作为历史的反拨，绕了漫长的一个圈之后，我们听到，在20世纪最后的春节联欢晚会上，最扣动普通中国人心弦的歌词是“常回家看看”。平常心的朴素表达，如果与《家》中的决绝加以对比，透出无尽的象征意味。

1918年11月10日，正是鲁迅先生在《新青年》上发表《狂人日记》，揭露礼教“吃人”，新文化运动风风火火正在高潮的当口，前清小官员梁济（1859—1918），在北京积水潭投水自杀。梁氏投水前留下《敬告世人书》，大意说，自己身为清朝遗民，可以说是为殉清而死。但真正萦绕于怀的，是自幼接受的观念信仰。中国文化有自己组织社会、号召人心的价值观念，所谓忠、孝、节、义，在漫长的历史进程中，这些观念有效地维护了中国社会的秩序，保证了中国文明的持续稳定发展。但进入近代以后，由于西方文明的冲击，中国社会出现了各种对于传统观念的怀疑与否定。梁济不否认变革的必要性，但他不能相信，这些悠久的人文理念，转眼间就会变得毫无意义。事实上，任何伦理原则，要想有效发挥维系人心的作用，都需要献身性的忠诚。梁济最感痛心的，是很多人抛弃了对旧伦理的信仰，却也没有形成对新道德的忠诚，各种不同的观念同样都成了仅仅谋利的工具。出于这样的忧虑，梁济感到有必要以自杀的方式，表白对所服膺的中国式价值体系的忠诚。

一个世纪过去了。中华民族在漫长的岁月沧桑里，积累了丰厚的精神财富，也留下了沉重的历史负担。这财富与负担其实是同一个东西，所以才会在有人声嘶力竭地控诉的同时，有人义无反顾地端上生命的祭献。问题是如何恰当地给历史的遗留定位，如何让它们发挥恰如其分的作用。只有这样，它们才可能是财富，否则，它们就必然成为负担。昨天的一切都应作如是观，以孝悌为核心的传统中国人的伦理观念，以这种观念为主导形成的中国式的精神情感方式，自然也不例外。

孝与仁

宋代人常爱说一句话，叫作“天不生仲尼，万古如长夜”，虽有很浓的个人崇拜色彩，但对我们理解孔子（前551—前479）在中国文化中的特殊地位，却很有帮助。孔子之前，中国历史已经有了丰厚的文化积累，但是直到孔子出现，才使这种文化的内在品格和潜在的精神气质，获得了观念性的自觉。也就是说，在此之前，中国文化的建设，主要是在物质文化和制度文化层面，精神文化只是萌芽，是依附在物质和制度文化之中的，还没有完全觉醒。在此之后，精神文化开始摆脱对物质和制度文化的依附关系，展示出自己的独立形态，并在与物质文化和制度文化的互动中，形成自己的特殊规律。从现实的物质与制度文化系统中，分蘖出独立的精神文化系统，这意味着文化进入了更成熟的阶段。就好像个体的发展，婴孩最初只表现出物质性的欲望，其动作仅仅具有本能的意义，至于观念世界却是混沌和模糊的。必须在身体发育到一定阶段，经验积累到一定程度之后，个体才逐步建立起稳定的思维模式，形成相对于外在世界的内在心理世界。孔子的伟大，就在于他积极地推进了中华民族历史发展过程中的这次飞跃。

传统文化中有个很重要的概念，叫作“道统”。“道”就是文化的核心精神或者说基本原则，“统”就是相沿贯通、久而不没。历史上公认的“道统”代表人物，是尧、舜、禹、汤、文、武、周公、孔子。我们看到，孔子之前的“道统”代表人物，无一例外都是从事物质与政治实践的圣君贤相，只有孔子例外，他基本上算是一介布衣，主要贡献是学术研究和教学。过去的人对此有各种解释，站在我们的立场，觉得“道统”代表人物身份上的这种变化，说明中国社会历史进入了新阶段。三代时期，文化的重心在物质生产和制度建设层面，精神文化还没有充分发育，所以文化的基本原则只能由政治性人物作为代表。到了孔子的时代，文化的物质性积累为观念层面的突破做好了充分的准备，孔子以其特有的颖悟和勤奋，扮演了这种突破的中介的角色。所以从他开始，文化的基本原则就转而由精神领域的英雄作为代表了。

孔子思想的核心是“仁”，他的学说叫作“仁学”。孔子有关“孝”的思想是服务于“仁学”的，并构成了其中非常重要的部分。仅就《论语》来看，全书计有十四条正面讨论“孝”，其中《里仁》篇有关“三年无改于父之道”的话，与《学而》篇重复，实际是十三条。这十三条中，十一条系孔子对弟子提问的回答，两条是有子和曾子对老师思想的阐发或转述，大体涉及下述四个方面：（一）父子相隐；（二）子承父道；（三）孝与为政；（四）祖先崇拜。当然，字面上没提到“孝”，内容上与此密切关联的地方却有很多，不过所论范围，不出以上四方面。

一 父子相隐

《论语·子路》记载：叶公对孔子说，我们那里有个人非常正直，即使父亲偷了别人的羊，他也照样揭发。孔子却说，我们理解的正直与这个人不一样。父亲总想着尽量替儿子遮掩，儿子也总想着能替父亲遮掩；所谓正直，在这样的平常心里就有了。南宋理学家朱熹（1130—1200）就此解释说，父子间相互遮掩不光彩之处，这是基本的天理，也是起码的人情，不着意追求所谓正直，而正直正寄寓其中。清代经学家程瑶田（1725—1814）认为仁爱之心不可能没有等差，“公”并非就是要彻底消灭人性的感情；因顺天理人情之自然，则“私”而恰足以成其“公”；倘悖逆自然，则所谓“公”，往往不能出于至诚，“不诚，则私焉而已矣”（《论学小记》）。南宋理学家陆九渊（1139—1193）有句气势如虹的壮语，说是我如今只要堂堂正正地做个人。人生在世最基本的责任就是做人，其他所谓的功业、学问、富贵，相对于这种做人的责任，都是从属性的。美国心理学家弗洛姆（1900—1980）也说，人类心血最大的成品，乃是他自己的人格。站在孔子的角度，他认为，要想做好一个人，要想做一个好人，首先就必须尽自己的人伦义务，这种义务不是抽象的，它就是对本能的血缘亲情的提升，就是对基于这种亲情的仁心的自觉。

针对孔子的议论，法家学派的韩非（约前280—前233）说，楚地有个很正直的人，他的父亲偷了别人的羊，他去向官府报告。令尹命令处死他，理由是他虽忠于君主的法令，却悖逆了父亲的养育之恩。由此可见，君主的忠臣，恰恰是父亲的逆子。鲁国的一个人跟着君主出征打仗，三次都临阵脱逃。孔子问其中的缘故，回答说是家中有老父，如果死了，没有人给父亲养老送终。孔子觉得这人很孝顺，就提拔了他。由此可见，父亲的孝子，恰恰是君主的贰臣。所以，韩非攻击倡导重孝的儒家，说他们是“以文乱法”的蠹虫。[①]韩非的反驳貌似很雄辩，实则说明他对中国的家与国相互涵摄的奇妙关系缺少体会，看不到特定情境下似乎对立的忠孝，就深层文化功能而言，其实是相通互济的。

近代思想家谭嗣同（1865—1898）在《仁学》中释“仁”说：“‘仁’从二从人，相偶之义也”。“仁”的字形为两个侧身的人面面相对，均做双臂前倾、屈腿弯腰状。汉代许慎（约58—约147）在《说文解字》中的解释是:“仁，亲也，从人，从二。”“仁”由“人”和“二”组合，表亲爱之意。所以樊迟问什么是“仁”，孔子回答说是“爱人”。(《论语·颜渊》) 孔子认为，人乃万物之灵，在宇宙间居于最崇高的地位。有次退朝回家，见马厩失火被烧，他马上询问是否有人受伤，而不问马。心系于人身的安全，而不是财物的得失，这显示的是对人的价值与尊严的认同。但孔子并不是抽象地肯定生命的价值，他认为个体生命只有在人伦关系中，才有可能获得充分的伸展发育。基于这种认识，他坚持“鸟兽不可与同群，吾非斯人之徒与而谁与”(《论语·微子》) 的救世理想。人的价值的实质即人伦秩序，对于个体生命来说，唯一可靠的生命依托，就是现实的人伦世界。在这种人伦世界里，每个人的存在与发展，都处在与其他人的相互依存之中，个体价

① 参看《韩非子》之《五蠹》《忠孝》等篇。

值只有与群体价值相协调，才能真正实现。

在个体与集体的关系问题上，先秦时期的思想家表达了不同的看法。墨家代表人物墨子（约前468—前376）主张："上之所是，必皆是之；所非，必皆非之。"（《墨子·尚同上》）就是说，君主无论肯定或否定什么，臣民都应该无条件地表示附和。他认为只有这样，才能保证社会的统一。有意思的是，韩非等法家人物虽在基本价值取向上与墨子尖锐对立，在要求臣民个体应无条件地与君主保持一致这点上，却异曲同工。道家代表人物则认为，国家政府等机构的设立，法令规范等措施的制定，只会徒增纷扰，最好的统治者恰是那些清静无为、什么也不做的，因为这样就有可能使每个人都任性逍遥，从而达到最高的和谐。这种完全顺任个性自然舒张的观念，相对于墨韩，表现了另一种极端。孔子则取其中庸，既不赞成以国家集体等整体性概念完全取代个人，也不赞成个体脱离整个人群去谋求自己的发展。

孔子在不同场合，对"仁"有不同说法。有时，他强调"仁"要求对人恭敬、尊重，这意味着要以真诚严肃的态度对待其他生命。有时，他强调"仁"要求沉稳持重、谨言慎行，以免急切之间对其他人造成伤害。有时，他又将"仁"与"礼"联系起来，强调克己的修养。还有时，他从反面说"仁"，认为不应将不喜欢的东西强加于人，所谓"己所不欲，勿施于人"（《论语·颜渊》）。这些不同的规定，就其共通的精神说，都归于对同类生命的爱。这在先秦时期具有相当的普遍性，如墨家同样说："仁，爱也"（《墨子·经说下》），道家也有"爱人利物之谓仁"（《庄子·天地》）的说法。翻检历史会发现，"仁"的观念在孔子之前经历过很长的孕育过程。使孔子的“爱人”之说与墨家的“爱人”之说区别开来的，是孔门之“仁”与“亲亲”的关系。墨家说的“爱人”，强调“爱无差等”，也就是“兼爱”。这种观点貌似崇高，实则过于脱离人情，很难真正实行。孔子则肯定“仁”的“爱人”，是有差等的，也就是只能建立在“亲亲”的基础上。人们对与自己有着直接血缘联系的人，有着特殊的爱念之感。在孔子看来，这种心理本能，不仅不与“仁”的“爱人”对立，而且，正是由于有了前者，他才能充分领会“爱”的感情，才有可能在爱亲人的基础上爱路人。孔子非常重视体现亲子之爱的孝悌原则，将其说成是“仁”道的出发点和生长点。为了维护这个出发点和生长点的本体地位，他才对盲目遵从外在规范，不惜父子相证的做法大不以为然。《中庸》引孔子的话，说“仁者人也，亲亲为大”。有子也说：“君子务本，本立而道生。孝弟也者，其为仁之本与！”（《论语·学而》）这段话不是孔子说的，却与孔子的基本思想恰相一致。它的意思是，一般能够孝敬父母、友爱兄弟，却喜欢冒犯上级领导的人，非常少见；不喜欢冒犯领导，却喜欢闹事作乱的人，可以说就根本不会有。君子修养身心，应从根本处用力，根本处把握住了，做人的根本原则自然也就表现出来了。孝敬父母，友爱兄弟，这应该就是“仁”的根本吧。

爱亲人是爱路人的前提，连父母都不孝敬，连兄弟都不友爱的人，当然不可能真正爱路人。但反过来，能够爱亲人，也并不一定就能爱路人。孝悌是仁的根本，但以本能心理形式流露的孝亲之情，也不能说就已经代表了仁的最高境界。重要的是，应该善于“推”，能够由己及人，由亲人渐及于路人。一方面是亲疏有别，另一方面，是四海之内皆兄弟的博大之爱。这就对主体的人格境界提出了更高的要求。对这种推的过程和方法，孟子有非常细致的描述。就孔子本人来说，他强调的，首先是这个“本”，这个基本的前提。这种强调使他在对现实问题进行价值判断时，表现出鲜明的个性色彩。

孔子讨论礼乐的本质时，曾反问说：“礼云礼云，玉帛云乎哉？乐云乐云，钟鼓云乎哉？”（《论语·阳货》）意思是说，所谓“礼”，指的难道就是这些外在的祭献仪式吗？所谓乐，指的难道就是这些表面热闹的敲锣打鼓吗？言下之意，对于礼乐制度来说，最关键的还是内心感情体验。外在仪式的作用，不过是恰当地表达相应的感情，如果感情本身消失了，那无论多么繁缛的礼节形式，都没有意义。所以他在另一个地方又说：“礼，与其奢也，宁俭；丧，与其易也，宁戚。”（《论语·八佾》）礼节仪式，与其过度铺陈张扬，宁可失于简陋寒酸；丧事，与其仪文过分复杂周备，宁可悲戚过度。孔子非常赞赏名不见经传的小人物闵子骞，说是：“孝哉闵子骞！人不间于其父母昆弟之言。”（《论语·先进》）闵子骞的故事很感人。说他们兄弟二人，母亲死了，父亲娶了个继母，又生了两个孩子。子骞替他父亲驾车，缰绳突然从手中掉下来了，父亲拿起他的手看，发现他的衣服很薄，手冻得红肿。回来看继母所生的弟弟，发现衣服厚实，拿起他们的手看，手温热。于是对他夫人说：我之所以娶你，是为儿子考虑，现在你这样做，就没有必要留在这里了。子骞求情说：“母在一子单，母去三子寒。”父亲听了他的话，默然无语。孔子所赞赏闵子骞的，当亦是那种发自至诚的对骨肉亲情的持重，及因此生出的对一己委屈的坦然。

孔门儒学将孝悌作为“仁”学的立足点，根本目的，就在于希望借助这种本能性的亲子之爱，使道德价值的真诚性获得可靠的保障。或许就是出于这样的考虑，《论语·学而》中，孔子给年轻人建议的行为规范是:“入则孝，出则悌，谨而信，泛爱众，而亲仁。行有余力，则以学文。”首先是在家里孝顺父母，出了门则要友爱兄弟，然后才是谨慎、诚信、博爱，是向贤德的人学习，再然后，如果还有可能，才是学习各种技艺性的知识。

二　子承父道

孔子生当春秋末世，西周时期的各项典章制度，由于历史条件的变化，此时都处于崩坏之中，所谓“礼崩乐坏”。孔子在政治上采取的是明确的保守主义的立场，竭力维护既有的各项规章制度。但孔子的历史贡献并不在这种对于既有制度模式的维护，而在于对这套制度模式的意义的创造性解释。“礼”本是约束社会成员的各种习惯、法规、礼节的总称，没有太多的道理可讲。孔子的特殊之处，在于他将这种规范制度的立足点，转移到了内在的心理情感上，从人们自觉的精神希求中，寻找外在仪式的合理性的解释，这就是所谓的“化礼为仁”。“礼”作为外在群体的规范性力量，因此取得了和个体内在自发性冲动的统一。当然，他创造这种理论的宏观背景，无疑是在漫长历史进步过程中，个体内在性情在对各种规范的适应过程中，所发生的潜移默化的进步。“仁”学的创生背景，决定了孔子对个体精神自觉的重视，也使他对缺少情感内容的行为形式保持冷淡的态度。在讨论孝亲的各种具体形式时，他始终不渝地贯彻这种原则。

子游曾请教有关“孝”的问题，孔子说，现在所谓孝子，就是指那些能够赡养父母的人，这样说起来，就连家中的狗、马之类，也能得到饲养，如果没有敬爱之情，那这被称道为“孝”的赡养和饲养又有什么区别呢？这件事记载在《论语·为政》之中。同篇还记子夏问孝，孔子回答说：“色难。有事，弟子服其劳；有酒食，先生馔，曾是以为孝乎？”《礼记·祭义》中曾说，为人子有深爱于其父母者，必是心中一团和气，心中一团和气则必面色和豫。孔子强调的也是这个意思，孝不能单从有酒饭、让年长者先吃、有劳作年轻人多干这样的层面考虑，而需要让为父为长者体会到发自衷心的欢爱。从民间普通的实用观念出发，年轻时辛勤抚育子女，老来体衰力竭之时，能得到年轻一辈物质上的照顾，也可算功德圆满了。从社会学层面分析，这也可以说是小农经济时代特有的养老保险方式，所以人们常有养儿防老之说。但作为伟大的人文思想家，从建构主体的精神自由和尊严出发，孔子不能认同这种单纯社会学层面的“孝”，他希望的，是通过“孝”，升华出个体终极性的道德关怀意识。因此，与外在的物质性的给予相比，孔子更注意内在的敬爱、敬重乃至敬畏。

德国哲学家康德（1724—1804）谈到，真正的道德行为，应该建立在普遍性的道德原则基础上，这种原则是超越个体感性冲动的，它本质上是敬重之情。这种敬重形成的前提，是自觉的理性判断，也就是认识到普遍性的道德原则比主观的感性冲动更为优越。这种道德性的敬重因为需要压制人性的自私、自负的感情冲动，因而其特点就不是快乐，且往往包含着少量的痛苦。但也因为在这种敬重的引导下，个体看到了远远超出自然天性的道德原则的伟大，所以也会流露出惊叹赞羡之情，并对自己竟能抑制住自私自负而达到这样的伟大感到由衷的自豪。对康德而言，敬重的对象是普遍的原则，敬重的内容是对内在自然感情的否定，是这种否定前提下的崇高感。如果同康德加以比较，我们看到，同样是强调敬重，孔子理解的敬，却是针对具体对象的，敬的理由也是特殊的，即对父母的敬不是因为他们特别伟大，而仅仅因为与自己的血缘关联。这种敬也不要求否定内在感情，毋宁说，它就是这种感情的最本真表现。因此，这种敬的结果，不是高踞尘俗之上的崇高，而是脚踏实地的安宁平和。对敬的这种理解，突出地表明了儒学道德主义的感性品格，即对这种理论来说，道德行为不需要遵循普遍性的正义标准，而可以建立在各自特有的感情愿望的基础上，同时，它也不与个体对愉快和幸福的追求相矛盾。

《论语·阳货》中，宰我曾对历来通行的“三年之丧”表示质疑，认为这个期限太长了。因为君子如果三年不奉行正常的礼乐仪式，这些礼乐仪式很可能会因为被弃置得太久而废弛。守孝者等到去年的陈粮吃光，新季的精食登场，打火的燧木转过轮回[①]，也就是等到满一年时间，就可以恢复正常生活了。孔子反问他说：父母过世不到三年，你就重新去吃那白米饭，穿花缎衣，心里会

① 上古用钻木取火之法，所取之木，四季不同。《周书·月令》上原有春取榆柳、夏取枣杏、季夏取桑柘、秋取柞楢、冬取槐檀的说法，其文今佚。燧木转过轮回，意即满了周年。

踏实吗？宰我说：那能有什么不踏实的？孔子抢白他道：既然没有什么不踏实，那你就这样做好了。君子守孝的时候，吃饭没有味道，听音乐没有心情，住在家里惶惶不可终日，所以才中止正常的生活方式而去守孝；现在你没有什么不安心的，那愿意怎么做就怎么做好了。宰我出去后，孔子叹息道：宰我真是不仁呀。儿女落地，起码要满三岁，才能离开父母的怀抱。为父母守三年丧，天下人历来都是这样做的，难道独有你宰我没在父母怀里待三年吗？在这段对答中，孔子坚持历来通行的“三年之丧”具有道德价值，是真正“孝”的表现。他的理由不是这种丧制本身如何，而是从当事人本身去寻找其合理性。同时，孔子还认为“三年之丧”作为“孝”的要求，并不与“孝子”本人的快乐要求矛盾，甚至就是为了最大限度地满足“孝子”求心安的心理愿望。正是因为这种理论逻辑，所以在面对宰我这样的人时，他表现得无可奈何。当然，现实生活中，面对严重的环境压力，敢于像宰我这样冒着被责为“不仁”的风险，公然承认自己没有大家公认都应该有的内心感情的人，是非常少的。如果有的话，很有可能被视作“异端”，甚至乱臣贼子。

几乎每次回答弟子的提问时，孔子都注意强调内在感情态度问题。如：“孟武伯问孝。子曰：‘父母唯其疾之忧。’”（《论语·为政》）什么是孝呢？心中时刻记挂着父母的身体状况，生怕有什么不合适的地方，这也称得上孝子之心了。再如：“子曰：‘父在，观其志；父没，观其行；三年无改于父之道，可谓孝矣。’”（《论语·学而》）父亲活着的时候，观察他的愿望和志向，等到父亲死了，就注意他的行为活动；如果能坚持三年不改变父亲的处世原则，那就称得上孝子了。父亲活着的时候，对做子女的可能有现实的约束，了解判断其为人，需要观察他的内心愿望；父亲过世后，做子女的能够随顺自己的心意自作主张了，这个时候判断他的为人，就应着重看他的行为；如果父亲过世三年了，仍然能坚持先父的为人之道，那说明他是真正在心中念想着父亲。

承续父业，不妄加改动，这种习惯规范，在早期社会，对于个体具有实际生存的意义。当时生存环境比较简单，人们的认知水平也很低，前代人的经验对后代人一般都有效，即使需要调整，也应该是一点一滴地缓慢进行。但随着文明进步节奏的加快，人们的生存环境和活动内容都变得复杂起来，前代经验对后代的有效性也因此愈来愈小，在这种情况下，像三年之丧这样的礼制，就显出其不合时宜来了。前述宰我的疑问就是在这种背景下产生的。孔子基于保守主义的立场，要求维护三年之丧的旧礼，但他却给出了新的理由。三年无改于父之道，不是从父之道正确与否、有效与否考虑的，而是从为人子者的不忍之心出发的。即使三年无改于父之道的具体礼规被淘汰了，孔子对不忍之心的弘扬，也可能仍然保留着自己的教化意义。

孔子称道的孝子形象，都在内心持敬这点上，表现出较常人的优异之处。如《论语·子张》记曾子之言："吾闻诸夫子：孟庄子之孝也，其他可能也；其不改父之臣与父之政，是难能也。""一朝天子一朝臣"，这是向来的通例，政策的调整也不一定都意味着不孝。孟庄子作为孝子，其他的做法或者与别的孝子大同小异，只是在能够坚持不改变父亲任用的臣下和父亲制定的政策这点上，一般人很难做到。体会孔子的本意，着重的仍是“不改父之臣与父之政”背后的敬爱缅怀之心，其思想实际发生影响的，也只能是这种层面。因为，客观上的“不改”，显然是不可能的。

三　孝与为政

在传统氏族社会的结构体系中，氏族部落的大家长，同时也就是整个社会共同体的行政首长，西周的礼制继承并发展了这种模式。相应地，以恢复周礼为精神志业的儒学，也习惯于从这样的角度考察家庭道德与政治原则的关系。《大学》说：“古之欲明明德于天下者，先治其国。欲治其国者，先齐其家。欲齐其家者，先修其身。”要平治天下，安邦定国，第一步要能和睦自己的家族。在一个家族的范围内，由于浓厚的血缘亲情的作用，只要你能够勤于修养，则单是依靠人格的感召力，也足以在家庭成员间创造出亲和的气氛。这是孔子反复强调“其身正，不令而行；其身不正，虽令不行”(《论语·子路》) 的历史背景。殷周时期乃至春秋之后，所谓诸侯八百甚至三千，指的就是这种氏族、部落基础上的政治共同体。在这样的结构中，父子、兄弟、夫妻之间并非只是今天意义上的私人关系，而是政治体制的直接体现。父系家长首先要能在这种家族—部落共同体中树立起权威，才有可能进一步团结联合其他氏族、部落，最后达到一统天下。可以理解，在这样的现实土壤中，伦常和政治当然很难区分。

孟德斯鸠曾分析以孝为本的文化体系的内在逻辑说：“他们把宗教、法律、风俗、礼仪都混在一起。所有这些东西都是道德。

所有这些东西都是品德。……一个儿媳妇是否每天早晨为婆婆尽这个或那个义务，这事的本身是无关紧要的。但是如果我们想到，这些日常的习惯不断地唤起一种必须铭刻在人们心中的感情，而且正是因为人人都具有这种感情才构成了这一帝国的统治精神，那么我们便将了解，这一个或那一个特殊的义务是有履行的必要的。”①可能正是基于这样的逻辑，孔子常常告诫弟子，为人子之竭力尽孝的活动本身，就是天下德治事业的组成部分。中国思想之极高明而道中庸，非常重视貌似琐碎的父慈子孝、兄友弟恭这些行为背后的宏观意义，不只是思想方法问题，而是与其所处的社会文化结构模式联系在一起。孝悌的家庭伦理如此重要，所以孔子常常从政治原则的高度，对孝的应有表现方式进行讨论，以使其超越朴素的感性直觉，更充分地贯彻仁的原则。

《论语·为政》记载，有人问孔子说：你为什么不去从事政治活动呢？孔子引《尚书》上的话回答说：以孝为本，友爱兄弟，这就足以影响政治，还要另外再搞什么政治呢？他的意思是说，政治的根本目标，本在于确立健康的人伦秩序，所以，竭尽孝悌的血缘道德之中，已经包含了政治精神。《论语·泰伯》中，孔子说：“……君子笃于亲，则民兴于仁；故旧不遗，则民不偷。”意思是，在上位者用深厚的感情对待亲族故旧，则老百姓之间也必出现人情敦厚的局面。这与后世政治道德强调的“大义灭亲”似乎是矛盾的，实则恰可相为补充。“大义灭亲”是站在固定的法律制度的角度立论，而“故旧不遗”则是就从政为官者的人格性情

① 孟德斯鸠：《论法的精神》，第313—316页，张雁深译，商务印书馆，1961年版。

立论。感情心性上的“笃于亲”，强调为政者应该注意培植健康发展的人格结构，也就是仁性。而“大义灭亲”，强调的是作为代表社会基本秩序原则的制度，应该保持普遍有效性。这本是两个不同的方面，但在中国传统社会，由于没能有效地区分两方面的不同要求，以致往往出现这样那样的混乱，产生各式各样的悲剧。事实上，“徇私枉法”或“徇情枉法”固然违背了从政者的职业道德而为人所不齿，“大义灭亲”不也同样是对人性中某种健康、正常乃至美好的东西的压抑摧残吗？前者固然不利于社会的公正和秩序的稳定，后种倾向同样会对人性根基造成难以预料的伤害。传统社会中的许多所谓刚正不阿、铁面无私的清官，如果去除后人的塑造成分，往往会暴露出令人难堪的苛酷乃至偏执、怪僻。当代历史学家黄仁宇（1921—2000）在《万历十五年》书中叙述的明代清官海瑞（1514—1587）形象，不仅对我们全面认识海瑞本人，而且对深入分析传统社会结构体制中的清官现象，都有积极的参考意义。重要的不在于“故旧不遗”或“大义灭亲”的号召本身，而是如何避免这两种本都是合理的观念的冲突，而促成其相互间的良性互动。对此，现代法律体系中的回避制度，在这个问题的解决上相对于传统的做法，无疑就可靠得多，同时也人性得多。不是靠某种主观的自觉、某种现实个人难以企及的所谓高洁人品，而是靠制度，这样我们才可能既允许乃至鼓励那些正常人性的发育完美，又不因此而损害普遍有效的法规制度。

在中国的社会历史背景下，这种将制度的精神与人格的品质特征区分开来的观念，一直没有得到发育。孔子反复要说的，是孝与政治活动间的一致性，是孝之中应体现的政治性原则，或是必然产生的政治性影响。《论语·里仁》中，孔子说："事父母几谏，见志不从，又敬不违，劳而不怨。"对父母不合适的做法，应该劝谏，但反复委婉劝谏之后，父母还不听从，那也就仍然应该尊敬而不悖逆。尽管心里难过，却不能有丝毫怨愤之心。这在很大程度上也是孔子心目中事君的原则。《论语·乡党》中描述孔子面对君主的极度尊敬乃至局促不安的神情状态，就是很好的说明。《论语·为政》记季康子提问：要想使老百姓认真、忠诚而且勤勉，应该怎么办才好？孔子回答说：你把老百姓的事放在心上，老百姓就会对你认真；你孝顺父母、慈爱幼小，他们就会对你忠诚；你提拔好人，扶持能力弱的人，他们就会勤勉努力。这再次肯定了血缘家庭中的道德表现所具有的直接政治功效。《礼记》等对孔子的这种思想做了进一步的发展，如《曾子立孝》中说："是故未有君，而忠臣可知者，孝子之谓也；未有长，而顺下可知者，弟弟之谓也；未有治，而能仕可知者，先脩之谓也。故曰：孝子善事君，弟弟善事长。君子一孝一弟，可谓知终矣。"这种与政治联系在一起的"孝"，事实上已经超越具体的父子关系，成了某种基本的价值准则："故居处不庄，非孝也；事君不忠，非孝也；莅官不敬，非孝也；朋友不信，非孝也；战陈无勇，非孝也。……夫孝者，天下之大经也。"（《大戴礼记·曾子大孝》）后来民间社会的许多家规家范类书籍，将这种倾向用更明确的语言进行了阐发。如南宋袁采（生卒年不详）在《袁氏世范》中分析父子关系说："子之于父，弟之于兄，犹卒伍之于将帅，胥吏之于官曹，奴婢之于雇主，不可相视如朋辈，事事欲论曲直。若父兄言行之失，显然不可掩，子弟止可和颜几谏。若以曲理而加之，子弟尤当顺受，而不当辩。为父兄者又当自省。”

四　祖先崇拜

“孝”的本义，指子女善事父母。《说文解字》称：“孝，善事父母者也。从老省，从子，子承老也。”母系氏族社会时期，没有个体婚姻家庭，也没有确定的亲子关系，因而没有伦理学意义上的“孝”的观念。现代人类学对仍处于母系氏族阶段的原始部落的考察也证明了这一点。如云南永宁的纳西族，同氏族的男女与所有其他氏族的男女之间，可以不分辈分地通婚。这种婚姻制度下产生的子女，很难确知生父，子女只是母亲所在氏族集体的成员。这种子女的氏族集体所有化，决定了很难出现血缘传承基础上的伦理关爱。《礼记·礼运》所说的“人不独亲其亲，不独子其子”，指的就是这种情况。到父系氏族时期，随着以男性为中心的个体婚姻家庭的形成，亲子之爱意义上的“孝”观念开始出现。这就是《礼记·礼运》中说的“大道既隐，天下为家，各亲其亲，各子其子”。据记载，尧舜时已有以孝化民的事实，《尚书·舜典》里说：“帝曰：‘契！百姓不亲，五品不逊，汝作司徒，敬敷五教，在宽。’”“五品”指家庭之内尊卑不同的五类成员，即父、母、兄、弟、子；“五教”指血缘亲属间五种最基本的伦理要求，即父义、母慈、兄友、弟恭、子孝。此处舜教导契说，现在百姓之间不够亲睦，不同的名分等级有混乱的倾向，你做司空，应勤勉用事，大力宣传基本的人伦准则；但也不能失之急躁，因为“五教”之理，其本在人心之自然，单凭强制不可能奏效，应该尽力通过优柔、宽裕的方式，慢慢地加以化育、引导。也有些学者认为“五品”应是指父子、君臣、夫妇、长幼、朋友，这种解释可能更多地参照了后起的社会结构情况。但无论如何，都表现出对以父子关系为核心的“孝”的作用的极端重视。

“孝”首先表现在有直接血缘传承关系的父母与子女之间，但随着父系家族传承系统的扩展，它也开始渗透于亲族内部宽泛意义上的晚辈与长辈之间。《中庸》解释“孝”说：“夫孝者，善继人之志，善述人之事者也。”这就明显说明“孝”不再局限于父子关系了。“孝”观念的这种扩展起码在西周时期就已经实现了。《诗经·大雅·文王有声》写道：筑的城墙围有深池，作的丰邑适成其匹。不是急于满足自己的欲望，只是想要追怀先代以示爱孝。真是好君王呀！[①]这是赞颂文王的美德，说他筑城与建丰邑，都不是因为要逞一己的私欲，而是为了要继承先君的遗志，表达孝子对列祖列宗的追慕缅怀。

“国之大事，在祀与戎。”（《左传·成公十三年》）祭祀是早期人类生活中与同外族的军事对抗相并列的两件大事之一。后者联系着氏族—国家生活的物质资源，前者则联系着氏族—国家生活的精神资源。正是从祭祀中，早期人类找到了精神的归宿。所谓“礼”，很大程度上是各种祭祀原则的推广和泛化。就历史的实际看，礼制与孕育了孝亲观念的父系氏族社会是同步产生的，因此，作为这个时期社会意识核心的孝观念，必然会对礼制的结构与形

① 原诗为：“筑城伊淢，作丰伊匹。匪棘其欲，遹追来孝。王后烝哉！”

态都产生根本性的制约。对祭祀礼稍加透视，就会发现，这些活动的产生直接联系着早期人群的报本返始观念。天者，万物之本；先祖者，子孙之本。为感谢天与祖神创化生命的莫大恩德，先民们习惯于以祭礼来表示报答。《礼记·祭义》中就说，君子祭天祭祖，都是为了表示不忘记自己生命的起源，要以这种形式尽力抒发自己的崇敬感激之情。

人们重视祭祀活动，最初是因为坚信，外在超自然的神灵有能力从根本上决定人类的现实命运。随着文明的进步，这种非理性的信念日渐淡化，但祭礼仍然有其积极功能。祭礼中所强化的对生命之共同起源的感念与追怀之情，无疑能够有效地维系共同体的统一，增强凝聚力。祭祀礼仪及贯注其中的生命回报意识，形式上是指向过去和天上的，实践功能却落在现实的地面生活中。对此的自觉到春秋中后期达到了高潮。孔子以仁释礼的理论创造，可以看作是这种自觉的最高理论成果。在对作为孝意识体现的具体祭礼仪式的态度上，孔子同样表现出其特有的二重性，那就是一方面对旧有的习惯性做法加以维护，另一方面对这些活动的价值从新的角度进行解释。一方面是“子不语怪力乱神”，保持对非理性迷狂倾向的距离；另一方面是“祭神如神在”，认为保留这些非理性信仰对象的地位自有其必要性。之所以有必要，在于着重从功能的角度看待这些对象。所以他也对禹的诸多治理措施表示完全认同，所谓：“禹，吾无间然矣。菲饮食而致孝乎鬼神，恶衣服而致美乎黻冕，卑宫室而尽力乎沟洫。禹，吾无间然矣。”（《论语·泰伯》）意思是说，禹这个人，真是没什么可说的。自己吃得很差，却能够很丰盛地祭祀祖先；平时穿得很差，礼节仪式上却非常讲究；自己的宫室很简陋，却能花大力气在农田水利的兴修上。肯定致孝祖先神灵的祭仪，是因为这种活动，对团结、巩固氏族群体有重要价值。

为适应其以仁释礼的整体性理论框架，孔子对“孝”强调的，通常也是孝子内在的悲怀之情，但考虑到维系实际社会秩序的功能时，孔子也很重视“礼”形式本身的地位，这代表了孔子关于“孝”的思想的另一侧面。如《论语·为政》中，孟懿子请教什么是“孝”，孔子就回答说：“无违。”意思是不要违背礼制的规定。什么是礼制的规定呢？孔子向樊迟解释说：父母亲活着的时候，按照礼制来侍奉他们；死了，也按照礼制进行安葬，按照礼制进行祭祀。这种对“孝”的说法，与其他各处对“孝”的说法，侧重明显不同。因为遵守礼制基本上是外在的行为，而与内在心理状态无关。有些学者研究后认为，这可能与问话者的特定身份有关。孟懿子是当时鲁国三家最有地位的大夫之一。按传统礼制，天子、诸侯、大夫、士、庶人，不同社会等级的成员适用不同的礼仪形式。但鲁国的大夫常常妄自尊大，擅用诸侯乃至天子之礼，这种“僭越”的行为令孔子十分痛心。孔子可能是针对孟懿子平时这种不守礼制的坏表现而对他做这种“孝”的规定的。但不管怎样，都说明规范制度性的“礼”，在孔子心目中仍然有相对独立的意义。从这种倾向出发，后来荀子才开辟了与孟子不同的儒学发展方向。

孝与仁政

孟子（约前 372—前 289）字轲，邹地（约当今山东邹城）人，鲁国贵族孟孙氏的后裔。其家族发展到父亲孟激时已经衰落，孟激去世又很早，所以孟子是在家境很困难的情况下度过青少年时代的。这一点与孔子很相似。孟子是子思（前 483—前 402）的再传弟子，子思是孔子的孙子。这样的师承渊源，使孟子往往以孔子儒学的嫡传代表自居。他在三十岁前后开始收徒讲学，四十岁前后开始周游列国，宣传自己的“仁政”与“王道”学说。他先后到过很多国家，但没有当权者真正接受他的治国理念，最后只好仍回老家著书立说。每个人都会自然而然地产生诸如感恩、同情之类的感情，孔子认为这就是仁，并且他认为规范人们行为的礼之所以有价值，是因为这些礼恰当地表达了人们的内在感情。这在后来被总结为以仁释礼。孟子发展了孔子以仁释礼的倾向，更加看重内在精神性体验的意义。所以他说：“学问之道无他，求其放心而已矣。”（《孟子·告子上》）在他看来，各种学问的最终目标，都是要恢复固有的本心。这种本心被后天的许多杂念掩盖着，人们往往感觉不到它的存在。孟子心目中的王道政治，比孔子更具理想性。孟子在儒学史上的主要贡献，在于将孔子的仁学发展为仁政学说，也就是将仁的原则发展成了某种对于政治问题的解决方案，虽然是不切实际的方案。他对孝悌伦理的论述，也同政治问题有了更全面的结合。

一 大孝的舜

置身于不同的环境，不同时代的思想家在表达价值观念和社会理想时，往往有各自习惯的方式。在西方近现代，为了表达对现实的不满和对政治的批判，思想家们往往设计出各式各样的“乌托邦”，也就是有关未来社会的理想设计。而在古代社会，人文学者则往往倾向于通过将古人理想化，相应地虚构各种事实，以这种方式来传达自己的政治理念。世界各地都普遍存在这种情形。道家创始人老子（约前571—前471）向往结绳记事、小国寡民、民老死不相往来的初民社会。《礼运》作者心目中的“道”，联系着的是“天下为公……人不独亲其亲，不独子其子”的“大同”之世。但同样是“复古”，不同学派对“古”的理解却不一样，即使同一学派，其对“古”的侧重也不一样。孔子选择周公作为价值理想的最高代表，常常通过幻觉中与周公的对话、沟通来获取精神力量，所以才充满感伤地叹息：“甚矣吾衰也！久矣吾不复梦见周公。”（《论语·述而》）孟子思想的理想化色彩比孔子更强烈，他心目中的理想人物，相应地转向了更遥远的舜。舜同样是孔子推崇的“巍巍乎”的圣人，但“舜”

的形象对孟子比对孔子更重要。孟子特别喜欢借舜作为自己分析问题的例据，所谓“孟子道性善，言必称尧舜”（《孟子·滕文公上》）。综合《孟子》全书看，一点也不夸张。

传说中的舜姓虞，是瞽瞍的儿子，母亲很早就死了。瞽瞍为他娶了继母，继母不贤，父亲糊涂，听信妇人谗言，不疼爱舜。继母生了弟弟，取名象。象受母亲影响，对舜也很不友好。尽管如此，舜仍然竭力孝敬父母，友爱兄弟，维护家人间的和睦。舜到历山下开垦荒地，只有常来田中拱土觅食的大象和鸟鹿做伴。后来，其他人见舜在此收成不错，陆续前来垦殖。舜无论对鹿豕鸟兽，还是邻里同人，都十分谦让和气。舜的事迹传到帝尧耳中，深得赞赏。尧将娥皇、女英两个女儿嫁给舜为妻，还让他九个儿子和舜一起工作，以便考察其为人。舜的弟弟知道此事后，十分妒忌，便和母亲在瞽瞍面前说了舜许多坏话，建议瞽瞍命令舜来修补谷仓。娥皇、女英深知象的为人，就取了两顶大大的斗笠给舜，说是用来遮日。舜爬梯子上了仓顶，正忙于修补的时候，象偷偷取走梯子，并在四周放起火来，试图把舜烧死。舜看见起火，又找不到梯子，只好冒险往下面跳，借着两只斗笠的阻力，飘飘荡荡地落在了离仓很远的地方，才脱离了危险。象一计不成，又生一计，让母亲劝瞽瞍命令舜入井疏浚。瞽瞍命令舜去疏浚井底。舜和娥皇、女英商量，二女各取一柄短斧给舜。舜知道象可能会有不良的图谋，因此下到井底后先在井边凿了洞穴。刚凿好，就听见象在井上叫他。舜答应了一声，象马上就和瞽瞍一同动手，把许多石块推下井底，企图把舜砸死。象以为把舜砸死之后，就可以接收舜的财产和妻子，不料回到家却看见舜正在弹琴，不觉大惊失色，转身就跑。舜叫住他，就像什么也没有发生过一样。象心中惭愧，再也不好意思陷害舜了。尧看见舜应付各种情况都有办法，就叫他帮着掌管政事，最后将帝位禅让给他。舜得了帝位，并不记恨弟弟象，还把他封到叫庳的地方。

舜的形象，是氏族社会里部落联盟首领的典型。氏族时期，血缘联系是社会组合的基本手段，具有强制功能的国家机器还处在形成阶段，氏族首领发挥影响力，更多的是依靠个人的威望及大家庭式的亲情凝聚力。在当时人们的心目中，所谓国，不过是家的放大，政治不过是伦理的延伸。血缘关系原则，同时也就是维系整个社会秩序的一般文化原则。所以尧选择接班人时，对舜能够有效地处理家庭关系这一点非常看重。这也就是后来《大学》中说的“心正而后身修，身修而后家齐，家齐而后国治，国治而后天下平”的意思。孟子概括此时的文化精神，称“尧舜之道，孝弟而已矣”（《孟子·告子下》）。就是说，在尧舜等为代表的唐虞之世，父子之道是整个社会秩序的核心。在孟子理想的社会模式中，仁是其他各种价值原则的基石和出发点，所以他的学说又被称作“仁政”学说。按孟子的理解，“仁”的价值取向，是与建立在自然血缘亲情基础上的孝悌伦理直接同一的。孟子对此曾反复申述，如说：“仁之于父子也，义之于君臣也，礼之于宾主也，智之于贤者也，圣人之于天道也，命也。有性焉，君子不谓命也。”（《孟子·尽心下》）又说：“仁之实，事亲是也；义之实，从兄是也；智之实，知斯二者弗去是也；礼之实，节文斯二者是也；乐之实，乐斯二者，乐则生矣；生则恶可已也，恶可已，则不知足之蹈之，手之舞之。”（《孟子·离娄上》）所以，孟子对以孝为本而终至平治天下的大舜，在各种不同场合，都极尽咏赞感叹之能事。

孟子心目中的舜，心中充满着的是对父母的至诚之情，将家庭伦理的圆满，看作是超越其他社会事功之上的生命依托。《孟子·万章上》中，万章提出，按曾子的说法，父母喜爱自己，虽然高兴，却并不因此而懈怠；父母厌恶自己，虽然忧愁，却不因此而抱怨。舜却向天诉苦哭泣，表示对父母的抱怨，这是不是应该呢？孟子回答说：以前长息也曾对此表示过疑问，公明高认为这是因为他不懂得真正的孝子之心；至孝之心，不可能只求尽自己单方面的职责，而以满不在乎的态度对待父母的过失，所谓："我竭力耕田，共为子职而已矣，父母之不我爱，于我何哉？"帝尧曾打发自己的九男二女和百官带着牛羊、粮食等到田野中为舜服务，天下的士人也有很多到舜那里去，尧最后把整个天下让给了舜，舜却只因为没有得着父母的欢心，便好像鳏寡孤独的人找不着依靠一般。受到天下人的拥戴，是每个人都希望的，却不足以消除他的忧愁；美丽的姑娘，谁都喜欢，他娶到了尧帝的两个女儿，却不足以消除忧愁；财富，是谁都希望获得的，富而至于占有天下，却不足以消除忧愁；尊贵，是谁都希望获得的，尊贵而至于做了天子，却不足以消除忧愁；天下的拥戴、美丽的姑娘、财富和尊贵，都不足以消除忧愁，只有得着父母的欢心才可以消除忧愁；人在幼小的时候，怀恋父母，及至长大，则想念年轻漂亮的女人；有了妻子，便迷恋妻室；做了官，便讨好君主，得不着君主的欢心，便内心焦急得发热；这些都是很自然也很常见的情况，但只有最孝顺的人，才会终身不忘对父母的怀恋，到了五十岁的年纪还怀恋父母的，我只在伟大的舜身上才见到这样的情感。《孟子·离娄上》之中，孟子再次重复这个意思，说是天下悦服，万民归附，此乃人生得意之事，舜却将父母的欢心，看作自己在世的首要责任，将顺从父母意志，当作为人子者的基本义务，竭尽努力侍奉父母，最终使瞽瞍高兴起来；瞽瞍高兴了，天下的父子伦常关系便巩固了，社会的风俗也便淳厚了；舜的境界，堪称孝的最高境界。

孟子从自己特有的价值立场出发，对舜处理各种社会人际关系，特别是君臣和父子关系的原则进行了阐释。《孟子·万章上》中，咸丘蒙提出："盛德之士，君不得而臣，父不得而子。"意思是，道德至极之士，君主不得再以臣子相待，父亲也不得再以儿子相待。舜就是这样做的。他当了天子，尧便率诸侯向他朝拜，父亲瞽瞍也要朝拜他。舜见了瞽瞍，显出不安的样子。孟子就此评论说，这不是君子的说法，而是齐东野人的说法；事实上，尧活着的时候，舜并没有做天子，只是在尧年老的时候，舜代他行使天子的职权罢了；《尚书·尧典》上说得很清楚，二十八年后，尧死了，群臣都好像失去了自己的父母，按三年的期限服丧，老百姓也停止了各种娱乐活动；孔子说过，天无二日，民无二王，如果舜在尧死之前做了天子，又在尧死后率领诸侯给尧服丧，那不等于说同时存在过两个天子吗？

咸丘蒙还提出，《诗经》上说过："普天之下，莫非王土；率土之滨，莫非王臣。"舜做天子后，瞽瞍却不以臣子之礼事之，这应该怎么解释呢？孟子回答说：这首诗的意思，不应像你那样理解。作者这里是说，自己因勤于国事以致不能奉养父母。

解诗不要拘于孤立的字词而误解句意，也不要拘于个别词句而误解整体的意旨，而要依据自己切身的体会去推测作者文字背后的用心。《诗经·云汉》中有“周余黎民，靡有孑遗”的句子，如果拘于字面意思，就会以为是说周朝没有一个人活下来。最大的孝，无过于以尊敬侍奉双亲，对双亲最大的尊敬，就是使之成为整个天下共同侍奉的对象，做天子的父亲，应该算是尊贵的顶点了，得到整个天下的奉养，也算得上最荣耀的奉养了。《诗经》中说，专注于孝，它就会成为天下的准则，说的就是这个意思；《尚书》上说，舜恭敬地来见瞽瞍，态度恭谨，瞽瞍也因此而懂得情理了。这难道是说不得再以单纯的父子关系彼此相待吗？这里我们看到，孟子尽管没有正面回答咸丘蒙的问题，但其强调政治人物包括天子的活动，不得违背血缘伦理在内的基始性义务的态度，却非常清楚。

二　良知良能

孔子提出，礼制的各种规范之所以是合理的，是因为它们恰当地表现了人们内在的感情，这种感情也就是“仁”。孟子与孔子的思路一致，他认为，孝之所以能够作为评价人品格高下的标准，是因为孝悌之德，根植于内在本能之中。所谓：“人之所不学而能者，其良能也；所不虑而知者，其良知也。孩提之童无不知爱其亲者，及其长也，无不知敬其兄也。亲亲，仁也；敬长，义也；无他，达之天下也。”（《孟子·尽心上》）“良”，朱熹认为是指“本然之善”，如此，“良知”“良能”就是指未经后天各种私心杂念污染的先天本能。这种本能直接呈现于人的感知、意念之中。孟子从多方面进行了证明。“所以谓人皆有不忍人之心者，今人乍见孺子将入于井，皆有怵惕恻隐之心。非所以内交于孺子之父母也，非所以要誉于乡党朋友也，非恶其声而然也。由是观之，无恻隐之心，非人也；无羞恶之心，非人也；无辞让之心，非人也；无是非之心，非人也。恻隐之心，仁之端也；羞恶之心，义之端也；辞让之心，礼之端也；是非之心，智之端也。人之有四端也，犹其有四体也。”（《孟子·公孙丑上》）每个人都会自然产生怜恤别人的感情，譬如看见小孩子就要掉进井里，不论是谁，都会感到惊惧骇怕，并尽力阻止。这样做，不是想要借以和小孩的父母攀交情，不是要在乡里朋友间博取好名声，也不是因为讨厌听到孩子掉到井里后的哭声，而是因为不由自主地就会有这样的冲动。每个人内心深处都会有这样的本能，除非他不是人。这种对同类生命本能的恻隐之心，就是仁的起点；面对某些事情油然而生的羞耻心，则是义的起点；相互交往中的辞让，就是礼的起点；对遭遇的各种人和事本能的是非判断，则提供了智的起点。这种本能的人性冲动，既是个体精神修养的出发点，也是社会政治实践的立足之处。

仁、义、礼、智四端之中，仁是最核心的。其他三种德行，都统摄于仁之中。分而言之，则仁与义、礼、智相对称；合而言之，则仁总仁、义、礼、智而言。仁的直接体现形式，是恻隐之心，即同情心。这种同情心的最朴素的形式，实即人基于血缘联系的亲子之爱。亲子之爱是双向的，即为人父母者对子女的怜爱抚育的本能，和为人子女者对父母感激敬孝的本能。在这种双向的亲子之爱中，站在生物进化规律的立场上，则父母对子女的爱相对更强，而子女对父母的敬孝之心较弱。为了平衡这种父子间感情在生物学前提下的差异，中国的伦理思想格外强调子女对父母的孝这一端，从而对仁的诠释，也主要是强调其与孝的联系。这在后来的宋明理学中表现得更加突出。在非常相对的意义上，说父母爱子女只意味着人的自然性，而子女孝父母更多地代表了人的文化性，这是对的。但文化性与自然性不是对立的，一种过分脱离了自然性，乃至最后发展到悖逆自然性的文化，无疑是不健康的。传统儒家伦理过分强调父子关系中子女对父母的道德义务，这种做法随着其在社会中实际影响的日渐深入而愈来愈暴露出其消极的一面。这也是进入 20 世纪之后，大批启蒙思想家对传统孝道思想采取激烈批判态度的重要原因。

三　经与权

孟子曾与公孙丑讨论《小弁》这首诗。（事见《孟子·告子下》）《小弁》是《诗经·小雅》中的一首，说的是幽王娶了申国公的女儿，生下宜臼，立为太子。其后，幽王得到褒姒，极尽宠爱，生子伯服，于是废申后及太子宜臼，而立伯服为太子，且欲杀宜臼。此诗据说乃太子宜臼的师父所作，以宜臼语气极写哀怨悲伤之慨。诗谓：平坦的周京大道呀，长满萋萋芳草；我心中伤痛，犹如刀绞；和衣卧床，辗转难眠；满目愁云，生命不堪困扰。[1]针对这首诗，学生公孙丑提问说：高子称《小弁》乃小人之作，是吗？孟子反问：为什么这样说呢？公孙丑回答说因为其中流露出抱怨的意思。孟子说：那高老头对诗的评价未免过于简单化了。比如这里有个人，陌生不相干的人妄图张弓搭箭射击他，他可以一笑置之，因为那人与他毫无瓜葛，他可以不放在心上；可如果是同胞兄弟要害他，他就会为此伤心痛哭，因为兄弟亲情在他心目中占有重要地位。《小弁》中的抱怨忧叹，正是出自这样的至爱亲情呀；重视亲情，这恰是仁的根本呀。公孙丑又以《凯风》为例进行反驳，说同样是面对父母的不足，《凯风》的作者就没有抱怨忧叹的意思。孟子解释说：《凯风》这首诗涉及的，是父母非常小的过失；《小弁》涉及的，却是父母非常大的过错。父母的过错大，却不抱怨，这是对父母极端冷漠的结果；父母有很小的过失，就生抱怨之心，这样就会激怒父母，使之陷入更大的过失。按孟子的这种解释，刺激父母，使之陷入更大过失，这当然是不孝，但极端冷漠，对父母的疏远无动于衷，也不是孝子应有的态度。

《凯风》是《诗经·邶风》中的一篇，说的是孝子七人，感念母亲的辛劳，同时又深以不能稍慰慈母甘苦之心自愧。其中写道：暖风习习，自南而来，吹拂在酸枣花上；花儿夭夭，为人母真是太辛劳；暖风习习，自南而来，吹拂在酸枣枝上；为母者智慧善良，我却没有贤惠的妇人；……黄鸟色泽光鲜，啾声婉转动

① 原诗为：“踧踧周道，鞫为茂草。我心忧伤，惄焉如捣。假寐永叹，维忧用老。心之忧矣，疢如疾首。”

人；儿子有七个人，却不足以安慰母亲的心。[①]诗意本很简明，但《毛诗序》基于经学家的陋习，硬要从字缝中分析微言大义，称诗隐喻寡母思嫁，七子深自反省，衷心难安。孟子此处也是如此。后来清代的经学家魏源（1794—1857）、皮锡瑞（1850—1908）、王先谦（1842—1917）等在此基础上，进一步提出，七子者所侍乃为继母。孟子的意思是说，《凯风》中的为母者，只是缺少慈爱，所以七子采取反躬自审的态度；而《小弁》中的为母者，则无端进谗言，使宜臼无端招致杀身之祸，所以作者采取怨诉的态度。孟子认为，这两种态度都不违背孝的原则，它们都是孝子爱念父母的仁厚之情的自然流露，只不过依具体条件的变化而在形式上有所差异罢了。就对具体作品的解释而言，孟子这里显然过于随意，但他以这种形式表达的孝道观，起码比公孙丑所介绍的高子之类要高明得多。

孟子的高明，在于他清醒地认识到，同一种孝的伦理原则，为适应不同的具体情况，会形成多种不同的体现形态，这既是必然的，也是必要的。作为伦理主体的人，要想更高层次地实现这种道德精神，就要自觉适应这种规律，灵活掌握孝道原则的适应性。这就是儒家理论中非常重要的“权”的原则。孔子就曾提道：“可与共学，未可与适道；可与适道，未可与立；可与立，未可与权。”（《论语·子罕》）意思是说，可以和他共同学习的人，未必能够和他追求共同的目标；能够有共同追求目标

① 原诗为：“凯风自南，吹彼棘心。棘心夭夭，母氏劬劳。凯风自南，吹彼棘薪。母氏圣善，我无令人。……睍睆黄鸟，载好其音。有子七人，莫慰母心。”

的人，未必能够有共同的追求原则；能够有共同追求原则的人，对于原则的运用，未必能够达到同样的灵活性。在孔子看来，找到有相同志趣和目标的人固然难，而遇到懂得灵活运用普遍原则的人，则更值得珍视。孟子进一步阐发了这种思想，明确提出："子莫执中，执中为近之。执中无权，犹执一也。所恶执一者，为其贼道也，举一而废百也。"（《孟子·尽心上》）依东汉经学家赵岐（约108—201）的说法，子莫是鲁国的一位贤士，他的人生哲学和杨朱（约前440—前380）、墨子的都不一样。战国思想家杨朱是极端的为我，所谓拔一毛而利天下不为也；墨子则是极端的利他，只要是对天下有利的，无论多么艰苦也在所不辞。子莫取其中道，介于这两种极端之间。孟子认为和不近人情的极端倾向相比，这样的主张更接近真理。但是中道之所以有生命力，在于它联系着"权"，即根据具体情况灵活运用、随时调整的能力。如果没有灵活性，不懂得针对具体情况予以变通，那么所谓"中"也就失去了灵魂，僵化的"中"同其他各种极端的"一"也就失去了区别。因此，"中道"与没有是非观念的一味折中是不同的。孔孟的这种观点，在汉儒及宋明儒那里都有精彩发挥，成为儒家系统的经权观。

经就是一般原则，权就是根据具体情况权衡轻重缓急，分别取舍。用现代人的话来说，就是经代表了社会群体的普遍性原则，权代表了个体人格在实践中的自由性和灵活性。个体伦理主体在常规情况下遵守普遍性的道德原则，对于维持健康的社会秩序是必要的，但更重要的是掌握这些形式性要求背后的精神，只有如此，才能既在常规情况下按原则要求行事，又在特殊情况下依据原则背后的精神，创造性地加以体现。这种个人根据实际情况所创造的行为方式，表面上看，可能与某些既定的原则相违背，实则其背后的精神是相通的。这就是过去人常说的“反经合道”。“经”就是原则的具体表述形式，包括古圣贤的著作、语录，现时人们公认的行为准则等。“道”就是经背后的精神意向。“反经合道”就是说虽违背了道德规范的形式，却在更高的层面上呼应了道德的精神。孟子对《小弁》与《凯风》两首诗的评价，不同于高子的地方，在于他能够越过感情表达的细节，而深入体会这后面的孝子之心。

关于道德要求的规范性与灵活性之间的关系，孟子在与淳于髡的讨论中说得最明白：“淳于髡曰：‘男女授受不亲，礼与？’孟子曰：‘礼也。’曰：‘嫂溺，则援之以手乎？’曰：‘嫂溺不援，是豺狼也。男女授受不亲，礼也；嫂溺，援之以手者，权也。’”（《孟子·离娄上》）按礼制社会男女有别的要求，男女之间不直接递接东西，叔嫂关系尤在避忌之列。但这只是通常情况下的要求，在嫂子溺水的情况下，就不应该拘守道德规范的表面形式，而应援之以手，把嫂子从水中救上来。否则，用孟子的话说，则“是豺狼也”。男女授受不亲的根据是礼制，而礼制的根本精神在仁，仁者爱人，首先是爱自己的亲人，看着嫂子溺水而不援手，从根本上违背了仁爱的精神，所以说“是豺狼也”。

舜是孟子所标榜的典型的圣贤，同时也是孝子。按历史记载，舜娶亲之事，未曾事先征求父母意见。按通常习惯，这是违背礼制的不孝行为。但孟子依据其经权关系理论，替舜进行辩护。孟子说：不孝有三，其中以没有子孙从而断绝祖宗的烟火为最大的不孝。舜娶妻不预先禀告父母，是因为害怕断绝了祖宗的烟火，所以君子认为他的没有禀告，性质和礼制上规定的禀告是一样的。之所以这样说，是因为舜的父亲瞽瞍糊涂，片面听信继室与象的话，而舜的继母又非常不贤惠，总是在瞽瞍面前进谗言，如果舜将要娶娥皇、女英的事禀告，结果只会遭到拒绝甚至破坏。礼制规定子女的婚事要预先禀告父母征求意见，是为了保证婚姻的完满，从而有利于家族的繁衍兴旺，既然对舜来说，不禀告更有利于这种目标的实现，那么，他的违背礼，在君子也就是真正懂得礼的人看来，恰恰是合乎礼的。

同样是为人子者违背礼的规定的做法，究竟如何从道德上评价，还应该依据具体情况，体察其背后的用心。《孟子·尽心上》记齐宣王想缩短守孝的时间，公孙丑替他辩解，说尽管守孝的时间短了，却总比根本不守孝要好些。孟子就此批评说：好比有人在扭他哥哥的胳膊，你却说，慢慢地扭吧，总比一下就扭断好。这能算是教他孝悌吗？公孙丑反问：那么有些王子母亲死了，做师父的替他请求能守几个月的孝，对这样的事应该怎样评价呢？孟子说这是不一样的。按当时一般的礼仪，王子的父亲如果还健在，那么即使他的母亲死了，也不必守孝。在这种情况下，王子为了表达哀思，尽可能地想办法守孝，不管守孝的具体时间长短，都是值得肯定的。

孟子说的“不孝有三”的“三”，可以有两种解释，一是概数，表多的意思，二则为确指，汉儒多倾向于后种解释。赵岐就在《孟子注》中提出，从大的礼制原则说，不孝的行为有三类，一是不顾是非曲直，专事阿谀逢迎，从而客观上促使父母亲陷入不义的状态；二是家中贫困，父母亲年老，为人子者在这种情况下仍不努力仕进，以致无力奉养尊亲；三是不娶妻或没有子嗣，以致绝了先祖的祭祀烟火。

赵岐评判“孝”与“不孝”的标准，与孟子对“权”的强调明显具有相通性。第一类“不孝”是针对自古社会上就普遍存在的“愚孝”而言的，因为作为礼制原则的“孝”与“顺”相连而称“孝顺”，所以很多机械的孝子，实践中往往一味遵从父母，忘记了自己的责任。父母合理的意志顺从，不合理的意志也顺从，表面上看是对父母亲的“顺”和“孝”，但是换个角度看，这种没有原则的顺从，往往会在客观上把父母推上不可挽回的错误之路。

愚孝的极端例子如扶苏。本是弟弟胡亥与赵高合谋假传圣旨，他却根本不考虑父亲的旨意是否合理，甚至也不考虑是否真是父亲的命令，就糊里糊涂地匆忙服毒自尽了。在他自己，可能以为是毫不还价地服从了父亲的意志，是至孝，实则既害了自己，也害了秦国，断送了父亲开创的基业，实乃大大的不孝。与此类似的，还有关于“忠”的判断。在中国文化的观念系统中，“君”被视作整个价值体系的象征，因此，对“君”的忠诚与“孝”一样，成为对普天下臣民的普遍性道德要求。但“忠”作为道德要求的精神实质，不是要放纵作为感性生命体的君主个人的情感欲望，而是要更有效地维护整个文化价值体系，所以对君主的“忠”，不应形式性地理解为君主让干什么就干什么，所谓“君叫臣死，臣不得不死”，而应理解为忠实于自己所从属的文化，忠实于这种文化的核心性价值理念，也可以说是“道”。

当政治清明，君主的意志符合“道”的要求时，“忠”可能表现为对君主个人的顺从，但在政治腐败，君主的意志不代表“道”时，“忠”则可能表现为对君主个人性意志的违背。不顺从甚至违抗君主的旨意，从形式上看是有违臣民道德的，实则是在更高层次上贯彻这种道德，这就是荀子倡导的“从道不从君”。“从道不从君”是大的行为原则，这样做的具体方法，就是“权”，也就是个体用自己的头脑，自主地衡量轻重。遗憾的是，中国历史上，“愚忠”的典型有很多，真正做到“从道不从君”的人则实在是寥若晨星。

第二类“不孝”是针对所谓的清高之士而言的。每当政治腐败之时，总有洁身自好的读书人主动避开黑暗的现实政治，宁肯寂寂于乡曲里巷间。这本无可厚非，甚至是值得赞扬的。无论孔子还是孟子，都正面表述过“达则兼济天下，穷则独善其身”的观点。问题是，人之在世，都有其不能推卸的责任。为人子者，首先应能保证为双亲养老送终。这既是感情，也是道德义务。整个社会的文化性都建立在这种慈亲情怀的基础上，人对整个社会的伟大使命感也根源于这种原生性的孝亲之情。儒家认为，亲疏有别，爱有等差，对社会的爱和责任意识，其心理源泉正在于对双亲的责任意识。所以护养这种作为道德根本的孝亲意识，是人的根本，也是文化的根本。在这个意义上，所谓面对不良政治的清高也就成了相对性的东西，不应拘于这样的志趣而躲避对双亲的责任，否则即为不孝。在不孝的根基上，其他任何道德都谈不上。这里面强调的也是权衡利害轻重、灵活取舍的态度，迂腐地执守特定的道德条文或理念，往往会走向反面。

第三类，就如舜所遇到的情况。子女孝顺父母，出于本能性的自然情感，然其文化意义却超出私人性的亲子关系，它对整个家族乃至整个文化共同体的发展兴旺都有重要影响。孝顺的内涵，当然包含着让父母满意的成分，但却不意味着应该迎合作为感性个体的父母的所有愿望。当父母的愿望与孝所要维护的文化价值矛盾时，对父母的违背就不是不孝，相反，这种违背客观上避免了父母亲可能犯下的伦理过错，甚至可以被说成是超乎一般的“大孝”。舜就是这样的典型。

过于强调权，乃至反经之权，实践中也会造成消极的影响。既然父母的意志不是判断子女孝顺与否的最高标准，而礼仪规范背后的“道”又是抽象的，不能直接规范个体行为，那么就可能出现非道德行为借所谓“权”替自己辩解的情况。在绝对的意义上，个体遭遇的道德情境，永远是特殊的，在这种特殊情境下，究竟应做何种选择，其“权”完全操于个体之手，这样就不免削弱道德规范的社会普遍性，而完全由个体自己掌握标准的道德状态，这无异于无道德规范的状态。为了防止这种情况，很多思想家都强调，“权”是有限度的。如《春秋公羊传·桓公十一年》就说：“权者，反于经然后有善者也……行权有道……杀人以自生，亡人以自存，君子不为也。”意思是，所谓权，指超越经的局限而能够更有效地实现善的做法。超越一般规范进行变通也是有限度的，比如为了保全自己而杀死别人，这样的“权”就是君子所不赞成的。后来宋儒对“权”采取更谨慎的态度，如程颐（1033—1107）说，“权只是经”，否认“权”所特有的灵活性，朱熹（1130—1200）提出，“虽是权，依旧不离那经，权只是经之变”（《朱子语类》卷二十四），并特别说明，“权不是常用底物事”。或者是在生活中看到有太多的阴谋家、伪君子，在“权”的名义下从事不忠不孝的非道德活动，朱熹还提出，只有道德上完美的圣人才可以用“权”，而普通人，因为缺少内在道德品格的保证，则只能据守常规性的伦理规范。这当然就走向了另外的极端。宋以后，社会道德日趋僵化，许多极端的愚孝行为被奉为道德楷模，从理论根源上说，也与宋儒偏重“经”的规范性而抵拒“权”的灵活性的思想方法有关。

四　理想国

孟子不仅将孝作为自己社会理想的基本立足之处，而且依据这种价值理念进行具体的政治设计。由孝可以直接引申出的组织原则，一是亲亲，二是尊老。孟子心目中的理想国，正是以此为特征的。“今也制民之产，仰不足以事父母，俯不足以畜妻子；乐岁终身苦，凶年不免于死亡。此惟救死而恐不赡，奚暇治礼义哉？王欲行之，则盍反其本矣。五亩之宅，树之以桑，五十者可以衣帛矣；鸡豚狗彘之畜，无失其时，七十者可以食肉矣；百亩之田，勿夺其时，八口之家可以无饥矣；谨庠序之教，申之以孝悌之义，颁（同“斑”——引者按）白者不负戴于道路矣。老者衣帛食肉，黎民不饥不寒，然而不王者，未之有也。”（《孟子·梁惠王上》）现实政治的弊端，在于过分专注于利的搜刮，以致老百姓上不足以赡养父母，下不足以抚养妻儿；好年成里也只是勉强度日，遇上荒年就只有死路一条。孟子提出的施政纲领，就是要让老百姓能够有自己基本的产业，上足以敬奉长辈高年，下足以养育子弟。只有如此，才可能形成亲和的气氛，才能使他们切实体会到生活的意义。所谓礼义秩序，就是从这样的状态中引申出来的，而不是靠统治者的强制实现的。这样的要求，既是自然，也是人伦，是符合人伦的自然，是出自天理的人伦，代表着积极健康的文明发展之路。

人之所以高于禽兽，在于人与人之间有人伦及相应的道德规范："人之有道也，饱食暖衣，逸居而无教，则近于禽兽。圣人有忧之，使契为司徒，教以人伦：父子有亲，君臣有义，夫妇有别，长幼有序，朋友有信。"（《孟子·滕文公上》）在各种伦理规范中，血缘亲子之爱是最基本的。人只有在这样的伦理关系中，才能获得人的本质，过像人一样的生活，将自己与动物和自然界其他生物区别开来。这种伦理关系的制定，圣人起了关键的作用。所以，孟子主张，理想的政治，应由圣人做王。孟子喜欢将自己的政治理想与遥远的过去联系起来，所以他对这种理想政治的描述，常常通过叙述历史的方式来表达。按传说的历史谱系，中国人的始祖是黄帝，与他并列的还有炎帝。此后还有燧人、伏羲、神农等，但儒家代表人物都特别看重尧和舜两位传说中的圣王。尧据说号陶唐氏，舜号有虞氏，所以他们生活的时代又称"唐虞之世"。据推算，"唐虞之世"约在公元前 2500 至前 1900 年。孟子说在那个时期，天子总是由圣人担任。先是尧做天子，后来尧老了，就从民间选出了孝悌的典型舜，培养他做自己的接班人，舜在尧后接替了天子的位子，后来，舜又老了，于是又选出叫禹的年轻人继承自己。天子的职位就这样在不同的姓氏之间，依据个人的品格修养来决定继承者。

1993 年冬天，湖北荆门郭店的战国楚墓之中，出土了有关孟子之前的儒家和道家思想的文献。其中有一篇题为“唐虞之道”，其对早期社会结构规则的描述，与孟子的说法可以相互印证。其中提道：“唐虞之道，（禅）而不传。尧舜之王，利天下而弗利也。（禅）而不传，圣之盛也。利天下而弗利也，仁之至也。”唐虞时期的政治制度，天子之位不是传给自己的儿子，而是“禅让”给合适的贤能之士。除“禅让”之外，还有就是爱亲尊贤：“夫圣人上事天，教民有尊也；下事地，教民有亲也；时事山川，教民有敬也；亲事祖庙，教民孝也；大学之中，天子亲齿，教民弟也。……尧舜之行，爱亲尊贤。爱亲故孝，尊贤故（禅）。孝之方，爱天下之民。……孝，仁之冕也。”贤能圣明之王，通过各种不同的教化方式，诸如“事天”“事地”“事祖”等，来引导百姓的孝悌慈善之心。民心乃为政的根基，百姓孝悌仁厚，则自然国势隆盛，天下景从。孟子进见各地的当权者，极力推销的也就是这样一套思路：“伯夷辟纣，居北海之滨，闻文王作，兴曰：‘盍归乎来，吾闻西伯善养老者。’太公辟纣，居东海之滨，闻文王作，兴曰：‘盍归乎来，吾闻西伯善养老者。’天下有善养老，则仁人以为己归矣。”（《孟子·尽心上》）伯夷、太公都是殷周之际的贤人，为了逃避纣王的暴政，隐居在天涯海角之地。文王兴盛起来以后，听说文王为政重视敬养老人，就断定他是圣明的君主，于是就来投奔他。

按孟子仁政的思路，国家之间的竞争主要不在于武器先进与否，而在于士卒与百姓的内在精神状态：“壮者以暇日修其孝悌忠信，入以事其父兄，出以事其长上，可使制梃以挞秦楚之坚甲利兵矣。彼夺其民时，使不得耕耨以养其父母。父母冻饿，兄弟妻子离散。彼陷溺其民，王往而征之，夫谁与王敌？故曰：‘仁者无敌。’”（《孟子·梁惠王上》）引导年轻一代致力于农事生产，同时在家中孝顺父母、敬爱兄长，出门尊敬长上，以忠诚守信的原则规范自己的行为。如果全国上下都能形成这样的风气，那么，即使只是木棒子，也可以打败秦楚这些军事大国的坚甲利兵。因为秦楚的统治者都不懂得，国家的强大，必须建立在百姓安居乐业、家庭幸福的基础上，他们的百姓总是处在妻离子散、父母冻饿的状态之中，所以当你去讨伐他们时，不会有人真心抵抗。

无论是就国家实力而言，还是就社会风气而言，孝悌伦理都发挥着非同寻常的作用，正因为如此，孟子认为，在这方面对全社会起着楷模作用的君子应该享有崇高的社会地位。《诗经·魏风·伐檀》中有这样的句子：“彼君子兮，不素餐兮。”学生公孙丑感到不好理解，《孟子·尽心上》记他提出疑问说：君子不种庄稼，却来吃饭，这是凭什么呢？孟子回答说：君子无论居住在什么地方，国王如果信用他，就会国家平安、富足、尊贵、声名日隆；年轻人如果信从他，就会变得孝敬父母、敬爱兄长、诚实守信。“不素餐兮”，还有什么话比这说得更恰当的呢？《伐檀》中本是反讽的句子，孟子却在这里巧妙地借用过来，正面阐述了自己的社会分工理念。《孟子·滕文公下》中，针对彭更对读书人的偏见，孟子进一步阐述说：人们如果不相互交换各自的产品，用多余的来弥补不足的，结果就会是农民有多余的米吃不掉，而其他人却饿肚子，妇女有多余的布穿不完，其他人却无衣遮寒。如果交换是合理的，那么，造车制轮之徒，虽不种地，却都可以有饭可吃。既然造车制轮之徒可以有饭吃，那么如果有人在家孝顺父母，出外尊敬长辈，用心守护自古相传的道义礼法，以此来培养后来者的德行人品，那他为什么不可以凭这种工作来获得自己吃饭的资格呢？

从基于传统血缘伦理的孝悌原则出发，孟子对到他为止的华夏文明的发展历史，做出了退化论的道德评价。如在《孟子·告子下》中，孟子议论说，禹汤文武之世，天子巡狩各国，访贫问苦，敬老尊贤，替天行道；至于五霸，则是挟持一部分诸侯来征伐另一部分诸侯。所以说，五霸相对于三王而言，堪称历史的罪人。五霸之中，以齐桓公最为了得，在葵丘的盟会中，他主导与会者制定了盟约：第一条是，诛责不孝之人，不要废立太子，不要混淆妾与妻子的不同身份；第二条是，尊贵贤人，养育人才，表彰有德者；第三条说，恭敬老人，慈爱幼小，不要怠慢贵宾和旅客；……诸侯们则对这些盟约都不再放在心上，所以说，他们相对五霸而言，也是历史的罪人。至于现在的大夫们，他们不仅要顺着自己君主的恶行做，还要替其找出各种漂亮的说辞，使其作起恶来越发无所忌惮，这罪过当然更大了。按孟子的逻辑，要恢复政治的清明，只有回复三王之世。但对如何回复三王之世，他能够说的，在经济方面，大体限于五亩之宅、树之以桑之类；精神方面，主要是敬老尊贤、孝悌忠信之类。这样一套施政纲领，在传统的礼制已彻底丧失约束力，而新的伦理价值规范又还没有建立起来的历史时期，面对战乱频仍、各国对立日趋白热化的现实，自然显得迂远不切实用。当然，孟子仁政学说的真正价值，并不在政治操作层面，而在于它以空想的方式，凸显出了人类精神生活中与黑暗的政治现实截然相反的另外一个向度，从而在漫长的历史发展过程中，给人们提供某种直面污浊现实、探求更美好生活状态的可能性的勇气。这也是孟子文章读来格外让人感到痛快淋漓的原因。

孝与礼

孔子和孟子谈论孝悌的意义，都是从心理感情出发，他们判断孝悌的标准，有某种导向主观主义的可能性。荀子（约前313—前238）的价值理念和孔孟一脉相承，但适应了时代环境的变化，其思想重心也有所偏移。这种偏移表现在孝悌观念上，就是相对于个体的心理感情，荀子更重视支配孝悌的普遍性道义原则。孟子强调："万物皆备于我矣。反身而诚，乐莫大焉。"（《孟子·尽心上》）意思是说，天地间的道理，在自我的心理世界中都有集中反映，反躬自省，依循本心而行，这才能真正体会到做人的乐趣。荀子则强调："故人一之于礼义，则两得之矣；一之于情性，则两丧之矣。"（《荀子·礼论》）意思是说，以普遍的礼义原则规范自己，则社会秩序和个人感情都能得到满足，相反，顺任主观的感情，就会使两方面都受到损害。所以在荀子的理论中，礼作为个体表达感情的形式性规定，甚至比个体所要表达的伦理感情本身还重要。

一　子之道

《荀子》全书计三十二篇，其中有三篇是对特定社会身份及其义务的专门性论述，即第十二篇《君道》、第十三篇《臣道》、第二十九篇《子道》。《子道》对子女敬侍父母的根本原则进行了比较系统的分析，发展了孔孟以来儒家的孝亲观念。其中说，在家里听从父母的话，出了家门尊敬年纪大的人，这是美德，却只能算低层次的美德。对领导顺从，对下属诚恳，这也是美德，但只能算是中等层次的美德。只有对判断是非的原则有自己清醒的认识，站在正确的立场上，按道义的要求而非单纯君主或父亲的意志决定自己的行动，这才算得上人生的高境界。常言说父命难违，但真正的孝子，起码在下述三种情况下，是不会盲目接受父母之命的：一是，接受则可能会使父母陷入危险境地，不接受则可保证父母的安全，那么，不接受命令正表现了孝子对父母应有的忠心；二是，接受命令则导致父母受到羞辱，拒绝命令则可保持父母的尊严荣誉，在这种情况下，拒绝命令就正是孝的精神所要求的；三是，接受命令则只能使自己同于禽兽之行，而不接受命令却可以保证自己的行为符合礼义，在这种情况下，拒绝接受命令证明的恰恰是孝子对父母的诚敬之心。对那些可以满足的要求却故意不予以满足，这不是子女所应有的态度；对那些不可以满足的要求却违心地予以满足，这是不够忠诚的表现。搞清楚服从与不服从之间的原则标准，以恰当的方式表现自己的恭敬、忠信和诚实，只有这样，才算得上是大孝。所谓“从道不从君，从义不从父”（服从普遍性的道而非服从君主的某个具体的命令，服从根本性的义而非服从父母的某个具体的要求），说的就是这个道理呀。就这个意义来说，孝子尽孝的努力，是永远也达不到尽头的。

在从理论上阐述了行孝所应依循的原则以后，《子道》接着借孔子与不同历史人物的对话，进一步讨论了有关孝的问题。

一是鲁哀公问孔子说：儿子听从父母的话，这是孝吗？臣子接受君主的命令，这是忠吗？连问了三次，孔子都没有回答。孔子出来后，对子贡说：刚才，哀公问我说："子从父命，孝乎？臣从君命，贞乎？"（儿子听从父亲的命令，这是孝吗？臣子接受君主的命令，这是忠吗？）我没有回答他。你以为如何？子贡心直口快，马上说：儿子听父母的话，当然是孝；臣子接受君主的命令，当然是忠。这有什么不好回答的？孔子笑他道：糊涂呀！你还没有明白这中间的道理呀。古时候，有万乘军车的大国，如果能有四位敢于向君主谏诤的臣子，则必然国势日盛，疆域不会被侵吞；有千乘军车的小国，如果有三位敢于向君主谏诤的臣子，其社稷江山就不会有存亡的危险；有百乘军车的封侯，如果有两位敢于向主君谏诤的家臣，其宗祀也不会招致断绝的危险；做父亲的，如果有敢于提不同意见供参考的儿子，就不会做出无礼之事；即使在社会上一般的立身处世，如果能有敢于批评自己的诤友，也不至于在大问题上犯错误；所以，儿子听父母的话，怎么就能肯定是孝呢？臣子接受君主的命令，怎么就一定称得上忠呢？只有分析他根据什么听或不听，才能够判断忠孝与否啊。这是借孔子师徒问答的方式，将荀子前边论述过的理论做了一次重复的表述。

二是孔子与子路关于如何才能获得孝的舆论评价的对话。子路向孔子抱怨说，有人每天早起晚睡，种田栽树，手掌和脚底都磨出老茧了，却没有赢得别人对其孝行的称赞，这会是什么原因呢？孔子回答说，想来可能由于态度显得不够恭敬吧，或者是由于说话不谦逊，或面色不够和豫？过去曾有人这样说：尽管给我穿、给我吃，什么都给我准备好，可对我不尊重，我还是不愿意投奔你；现在这人早起晚睡，种田栽树，手脚都磨出老茧了，以此奉养父母，如果没有上述三种缺点，怎么会没有得到对其孝行的称许呢？或者是由于所交的朋友不好，没有正确认识并向社会介绍他的孝行？社会上的事有时就是这样，你纵然有天大的勇气，也不可能设想将自己举起来，不是缺少力气，是形势格局不对；你自身内在的德行品格有缺陷，那怪自己；但如果努力修养，却不能产生相应的社会影响，那就是周围朋友的过错了；所以，有见识的君子既要在自身修养过程中脚踏实地，严格要求自己，也要注意结交贤明之士，倘能够这样，那么怎么可能还得不到对自己孝行的适当评价呢？《论语》第一篇《学而》中，记有孔子一句非常著名的话，叫作："人不知而不愠，不亦君子乎？"拿来与这里借孔子之口发表的议论略加比较，就会发现，荀子比孔子更重视主体道德行为所产生的外在社会影响及所赢得的公众评价。

三是子路向孔子请教说，鲁国的大夫在服丧期间睡在床上，这是否符合礼？按传统服丧的规定，父母死后二十七个月内，孝子都应该身上披条白布，且睡觉不得挨床，可能是表示太安适舒服了，心中不踏实的意思。但到春秋中期以后，传统的礼制渐渐失去了神圣性，所以很多人开始自行其是。鲁国大夫服丧期间睡在床上，就属于这种情况。这在以守持传统为己任的儒家学派看来，当然是非礼的，所以子路郑重其事地向孔子提出来。答案本也是简单的。有意思的是，孔子却不直接回答子路，只在子贡重新提问，不再涉及具体人，而仅就服丧睡床这件事本身发问时，才说它不符合礼。之所以如此，是因为儒家有尽量别得罪居住地领导的说法，孔子师徒当时居住在鲁国，所以不愿意非议正在鲁国执政的人。这种观念，一方面表现了为尊者讳的意思；另一方面，也不乏明哲保身的味道。孔子这种对待直属领导的态度，很容易让我们联系到传统道德在对待父母态度问题上对子女的要求，就是子女尽管理论上有向父母进行谏诤的义务，却无论如何都不应该在背后议论父母的是非。

二　孝与教

孝悌之在孔孟，往往被说成人本身的感情要求，凡是正常的人，都应该有。当然，也可能遇到没有或比较缺乏的人，如果这样，那按孔孟的逻辑，则并不说明自己的观点有什么欠缺，而只说明这人乃徒具人形的禽兽。孟子的性善论，就建立在对人生而具孝悌仁义之心这一点的坚信上。荀子则不然，他认为，天生的自然人性，在道德上的意义是否定性的。《荀子·性恶》中说，人的本性是恶的，日常生活中所能见到的各种善行，实际上是后天人为努力的结果。人本性好利，顺着这样的本性发展，礼让就会被争夺所代替；人天生有嫉妒心，顺着这样的本性，就不会对忠厚诚信产生敬爱之心，反而会极力去加以破坏；人都有声色耳目之欲，放纵这样的本能，道德文明秩序就会受到冲击，淫佚之风就会泛滥。自然的性情只能导致非道德的结果，造成社会秩序的混乱，所以荀子强调，对于文明的发展来说，人自觉的“为”和圣人对民众的“教”，都是非常重要的。所谓“为”，主要是通过后天的“学”，化性起伪，经过锲而不舍的努力，达到“青，取之于蓝，而青于蓝”（《荀子·劝学》）的结果。《荀子》全书三十二篇，而以《劝学》为之首，即与这种强调有关。其中设计的程序是，从读《诗经》《尚书》开始，而以各种礼仪典章制度之书为依归。学的过程是无止境的，坚持这个过程不松懈，则普通人也将最终通达圣人之域，放弃这个过程，则不免堕入禽兽之列。

善性是后天努力获得的，孝悌的道德意识也不例外。《荀子·性恶》中说：“今人饥，见长而不敢先食者，将有所让也；劳而不敢求息者，将有所代也。夫子之让乎父，弟之让乎兄，子之代乎父，弟之代乎兄，此二行者，皆反于性而悖于情也。然而孝子之道，礼义之文理也。故顺情性则不辞让矣，辞让则悖于情性矣。”人们尽管饥饿，吃饭时如果有长辈在场也不先动筷，是为了表示礼让；尽管劳累，和长辈共同劳动，也不自行休息，因为想替长辈减轻点负担；为人子者对父亲礼让，为弟者对兄表示礼让，儿子设法减轻父亲的压力，弟弟想要减轻兄长的压力，这样的行为，说起来，都是违反人的自然本能的。这说明什么呢？只能说明，孝子的理念，完全是后天人为的礼义规范的结果。顺任内在的情性自然发展，就不会有孝悌礼让之心，有孝悌礼让之心，就必然压制约束自然的情欲本能。人们只有在礼义规范的辅助引导下，经过自觉的学习努力，才能愈来愈充分地获得孝悌的品质。

对于实际生活中人们在孝亲意识上表现出的差别，荀子的解释是，这是因为人们各自的努力程度不同。《荀子·性恶》中说："天非私曾、骞、孝己而外众人也，然而曾、骞、孝己独厚于孝之实，而全于孝之名者，何也？以綦于礼义故也。天非私齐鲁之民而外秦人也，然而于父子之义、夫妇之别，不如齐鲁之孝具敬文者，何也？以秦人之从情性、安恣睢、慢于礼义故也，岂其性异矣哉！"人们的先天本性是一样的，上天并非对曾子、闵子骞、孝己这些人格外恩厚，也非对社会上的普通人有意亏待，那么为什么曾子、闵子骞、孝己这些人的孝亲的观念特别强，并因之而成为千古传诵的孝子典型呢？没有别的缘故，只不过是他们比一般人更专注于礼义准则的遵奉罢了。各地民风的差异也是出自同样的原因。齐鲁之国，风气淳厚，父慈子孝，堪称文明之邦；而三秦之地，人们往往怠惰傲慢，父子相背；这并不是天生本能有什么差异，实在是对于礼义或恭敬或轻忽的原因。同样是认为"涂之人可以为禹"，孟子是强调人人生而具恻隐之心、羞恶之心、辞让之心、是非之心，荀子则强调，问题的关键在于是否"积善而不息"。尧曾问舜：人的本然之性如何？舜回答说是很不好。怎么很不好呢？往往都是有了老婆，就对父母的感情淡了，陷于情欲之欢就忘记了对朋友的义务，官爵俸禄到手就削减了对主上的忠诚。君子之所以不同于小人，就在于时时处处注意约束自己，按礼义的标准规范自己的言行。就先天素质说，荀子认为：“小人君子者，未尝不可以相为也；然而不相为者，可以而不可使也。”（《荀子·性恶》）小人本也可以做君子，但却不愿做，君子也可以去做小人，同样也是不愿做。这种不同的愿望和不同的选择，决定了不同的发展方向。

礼义对于人们的修养进步非常重要，那么礼义从何而来呢？荀子认为，最初制定礼义的，是圣人。圣人也是人，却显示出比普通人更强的创造力：“凡礼义者，是生于圣人之伪，非故生于人之性也。……圣人积思虑、习伪故，以生礼义而起法度，然则礼义法度者，是生于圣人之伪。”（《荀子·性恶》）荀子在当时，很难像我们今天这样认识到，文明的创生事实上是一个过程，其基本动力是群体的生产实践，所以就把文明从无到有的过程，把从野蛮的竞争到懂得遵守确定的行为规则的过程，说成是某些具体的圣人制定礼义的过程。《荀子·王制》篇从这样的角度，对整个人类文明的产生发展过程进行了描述：天地是自然万物创生的起点，礼义是人类道德和政治秩序的起点，君子则又是礼义规则的起点；努力地做，坚持不懈，不断积累，直至最完美的境地，这是君子之为君子的根本；所以说，天地生君子，君子理天地，君子的作用，堪可与天和地相并列，堪称是万物的总管、百姓的父母；没有君子，则天地就显不出秩序，礼义就会丧失根本，社会中有关君臣、父子、夫妇的准则就会发生混乱；君臣、父子、兄弟、夫妇这些关系，是和天地一样根本的存在，支配它们的基本原则是一致的，这种原则体现为父子之爱，就是所谓孝，体现为兄弟之情，就是所谓悌。

对现实生活中的普通人来说，要培养确定的道德观念，一方面，需要自觉的主观努力，另一方面，更重要的，还需要外在的教化和引导。从这样的立场上，荀子对儒生的社会功用和地位进行了辩护。《荀子·儒效》篇记秦昭王问荀子说：儒生对国家政治生活有什么用处呢？荀子回答说：儒者法先王、隆礼义，谨守臣道而尊重主上。君主能任用他们，他们就在朝廷中发挥作用，君主不能任用他们，就回到民间，忠厚诚实。即使陷于贫困冻饿的状态，也不会采取不正当的手段谋取利益；即使自己没有置锥之地，也仍然关心着天下苍生的福祉。所以，他们即使住在破屋陋巷之中，也会受到尊重。正因此，儒生住在哪里，哪里的风气就会得到改良；在朝廷里会使政治清明，在民间，会使父慈子孝、兄友弟恭，因为周围的人能够从他们身上受到孝悌仁义精神的感化。

礼义秩序不能靠自发产生，民众的孝悌观念需要引导，但这种引导的方式本身也需要符合仁义的精神，这一点典型地体现出荀子思想的儒家特征。《荀子·宥坐》篇中说，孔子做了鲁国主管司法工作的最高官员，有父子两个来打官司，孔子拘捕了儿子，三个月都不审判。这时父亲来请求撤诉，孔子就放了儿子。鲁国主持朝政的季孙听说了这件事，很不高兴地说：这个老头子欺骗我，他对我说治理国家要遵循孝悌的原则，现在需要杀个人来扭转不孝的风气，他却不干了。冉求把这话告诉了孔子，孔子感叹说：上边的工作有过失，却一味惩罚下边的百姓，这怎么行呢！对老百姓不进行教化而简单地根据刑法断罪，这实际上等于杀害无辜。极端的法家思想虽有将孝代表的血缘道德与忠代表的政治道德对立的倾向，但以法家理论为指导思想的秦法在实践中，基于维持秩序的需要，也有维护孝悌伦理的条法，但其维护的方式本身，如果与孔子这里表现的态度对比，会发现其间存在着明显对立。《睡虎地秦墓竹简》中记载着一个案例："免老告人以为不孝，谒杀，当三环之不？不当环，亟执勿失。"像这样将被告不孝之人处死的例子，秦律中还有很多。这与荀子所推崇的处理办法，形成鲜明的对照。因为，在儒家看来，这种以法律强制手段加强孝悌观念的做法本身，就是与"民胞物与"的孝悌仁义观念不相容的。

历史上，孟子的性善论地位比荀子的性恶论地位高，但在具体操作过程中，应该说人们更多的还是按荀子的思路在做。就孝亲意识的培养来说，相对于个体的自觉，历来家长都对外在的教育训诫寄予更大的期望。所谓"棒头之下出孝子"，就是这种认识的通俗表达。所以，在传统大家庭内部，孩子自幼就得学习各种孝顺父母、尊敬长上的规矩，如有不轨之处，就要受申斥乃至责罚。北宋史学家司马光（1019—1086）在《涑水家仪》中说："子能言，教之自名及唱喏万福安置；稍有知，则教之以恭敬尊长；有不识尊卑长幼者，则严诃禁之。"金华地区郑氏的《郑氏规范》，甚至对未成年子弟的具体生活方式都进行严格限定，如说"子弟未冠者，学业未成，不听食肉"，"子孙年未二十五者，除棉衣用绢帛外，余皆用布。除寒冻用蜡履外，其余遇雨皆以麻履。从事三十里内并须徒步"，"子孙饮食，幼者必后于长者，言语亦必有伦"，"子侄虽年至六十者，亦不许与伯叔连坐，违者家长罚之，会膳不拘"，"卑幼不得抵抗尊长，其有出言不逊、制行悖戾者，姑诲之。诲之不悛者，则重箠之"。不仅幼年受管教，即使成年子弟，在长辈面前，也有可能受到呵斥甚至责打。当然，这是大家族中的情况，因为人口众多，为了维护秩序，在尊尊与亲亲的掌握上，比较偏于尊尊的一面。对比较小的家庭来说，人际关系相对简单，尊尊与亲亲的掌握比较偏于亲亲一方面，这样的家庭，感情氛围当然会轻松一些。

三　孝悌与身份

孔子和孟子都强调孝悌作为社会基本价值理念，对不同社会阶层成员共同的支配地位，荀子则从社会分工角度，提出应将孝悌主要定位为普通百姓的道德伦理。《荀子·荣辱》中说：天创生万民，每个不同的人，都有在生活中获得自己地位及生活意义的道理。天子之所以能得天下，是因为他通过修养和努力，达到了完美的境界，不仅德行光辉，而且智虑明达；诸侯要想有效地治理自己的属邦，就要使政令的制定符合社会需要，活动安排适应自然节律，处理政事狱讼公正，对上，能顺应天子的意志，对下，能确保百姓的安宁团居；各级官吏要想赢得自己的俸禄，就应该谨慎地遵循各项法律规程，即使不能领会这些规定背后的精神，起码也要严守其形式，不敢随意加减，三代社会已成过去，而其制度礼仪仍然存留至今，靠的就是有关吏员的这种工作态度。至于普通的庶民百姓，荀子认为，他们的基本责任，就是孝敬父母，处理好自己的家庭关系，忠厚老实，恭敬有礼，靠自己的勤奋劳作，来赢得吃饱穿暖、平平安安的生活，所谓："孝弟原悫，軥录疾力，以敦比其事业，而不敢怠傲，是庶人之所以取暖衣饱食，长生久视以免于刑戮也。”

“孝”在商周之前，原指的是敬天活动，通过这种活动，人们表达对大自然养育运化生命的恩德的感谢。到西周时期，“孝”被与祭祀先祖的活动相联系，因为先祖作为现实人类的来源，和天地一样赋有创化生命的品质。这就是《郊问第二十九》中说的：“万物本乎天，人本乎祖。郊之祭也，大报本反始也，故以配上帝也。”因为孝同人们这种对天地先祖的感念联系在一起，所以通由三代社会盛行的各种祭祀礼仪，它被极大地泛化，成为社会文化精神的核心成分。但孝在现实生活中的具体落实，却首先体现在对父母的关系中，就是基于这样的理由，孝慢慢演变为针对父子关系的规范。孔子就是在这种意义上谈论孝的。西周以前，家国同构，从氏族家庭到天下国家，是完全同一的，因此，敬天或法祖、顺父，在观念领域也有同一性。但春秋之后，国家政治组织开始冲破自然血缘的扭结，从家庭生活到政治运作，开始出现愈来愈严格的界限分别，意味着社会文化共同体整体的天下。在这样的情况下，不再可能与构成个体生命起源的氏族祖先乃至父母直接相通，为适应这样的历史发展趋势，孝悌观念也显示出狭义化的趋向。孔孟无视历史条件的变化，单纯从血缘伦理的价值理念出发进行政治设计，所以很难被当权者接受。

不过，春秋以后，国家政治组织虽总体上从宗法血缘网络中摆脱了出来，但在宗法封建制解体的过程中，生成了无数大大小小的家族组织，这些家族组织以微缩的方式保留了原有的社会结构原则，它们在历史的巨大动荡中存留下来，继续作为新型君主集权制国家的基础存在，这就为孝悌原则继续发挥作用提供了现实可能性。同时，作为有深厚传统渊源的文化观念，孝在社会心理领域内的积淀也是不容忽视的思想资源。法家将孝悌与忠对立起来，有合理性，对建立在郡县制基础上的君主专制国家来说，孝父未必就意味着忠君，甚至孝父有时必然导致对君主的悖逆，这就是所谓的忠孝不能两全。但由此完全否定二者间相辅相成的一面，就陷入了另外的极端。荀子的贡献在于，既适应各国变法之后新的政治现实，承认血缘伦理与政治统治是两个不同的领域，又坚持家与国之中有一以贯之的共同价值准则。孝悌是仁，是义，是上下尊卑秩序的合法性来源，就此而言，无论持家还是治国，都不能有所例外。另一方面，孝悌感情的具体内涵又总是与个人相联系的，其作用范围相对有限，所以，荀子认为它主要表现在普通百姓身上。这并不是说，士大夫官吏至天子这些人可以不孝不悌，而是说他们有着更广阔的活动范围，远远超出具体一“家”，所以其活动原则也非狭义的孝悌所可涵盖。

四　尊师与孝亲

中国自古就有浓厚的尊师传统，民间有所谓“一日为师，终身为父”的说法。宋朝学者杨时（1053—1135），传说他有次去看老师——著名的理学家程颐（1033—1107），不巧正遇程颐在书房里打盹，为了不惊扰老师，他就站在门口静静地等。后来天下起了雪，他仍然不敢动，等到程颐醒过来请他进去，杨时身上已经盖了厚厚的雪。后来人们就以“程门立雪”的典故，表达对老师的尊敬。

儒家学派的起源与教师有着千丝万缕的联系，人们习惯师儒并称。孔子本人就是伟大的教师，他所开创的有教无类的私学传统，对中国精神文化传统的形成，产生了怎样估计都不为过的影响，所以被赞誉为“大成至圣先师”。不过尽管孔子非常注意吸取别人的长处，其作为教师的风范几千年来也一直受人景仰，但真正从理论上总结教师的社会文化功能的，是荀子。《荀子》全书三十二篇，除师旷、师旅、周师、太师等专有名词外，讨论涉及教师的地方计有五十多处。如称：“礼者所以正身也，师者所以正礼也。无礼何以正身，无师吾安知礼之为是也？礼然而然，则是情安礼也。师云而云，则是知若师也。……故非礼是无法也，非师是无师也。不是师法，而好自用，譬之是犹以盲辨色，以聋辨声也。”（《荀子·修身》）荀子是性恶论者，强调先天本能与后天道德属性间的区别，要使本能转化为道德，就必须借助外在的秩序规范，这些规范即礼法。礼法需要通过特定的人发挥作用，这也就是师的功能。师既如此重要，“故君子隆师而亲友”（《荀子·修身》），“尊先祖而隆君师”（《荀子·礼论》）。天地、先祖的意义，在于提供了生命的生物学形式，而君师的意义在于，使生物学意义上的人通过后天的化性起伪获得文化的属性。荀子将“君”“师”连称，反映的是早期社会官师不分的情况，就后来社会发展的实际看，启迪人文生命之觉醒，是为人师者的根本任务。唐代文学家韩愈（768—824）在《师说》中用“传道、授业、解惑”给“师者”定位。对于真正的教师而言，最重要的，不是训练学生专门的技巧，灌输具体的知识，而是传道。明代理学家薛瑄（约1389—1464）说：“人之所以异于禽兽者，伦理而已。”（《明儒学案·河东学案》）道就是人伦物理，所以《礼记·学记》断言：“记问之学，不足以为人师。”

在荀子推重师法的思想的基础上，汉代《白虎通》提出三纲六纪之说，认为除君臣、父子、夫妇之外，基本的人际关系还有六种，即师生、诸父、兄弟、族人、诸舅、朋友。列师生关系为六纪之首，可见其在当时人们心目中的地位。《白虎通》认为，师生关系有三个层面的内涵：“弟子为师服者，弟子有君臣、父子、朋友之道也。故生则尊敬而亲之，死则哀痛之，恩深义重，故为之隆重服，入则绖，出则否也。”君臣即尊卑的意思，师之于生，乃上对下的授受关系，故有类于君臣。唯师之尊与君之尊有所区别，前者所尊在其道，而后者所尊在其位。就其情义言之，父母赋予我们肉体生命，老师的教育塑造了我们的精神品格，从这样的角度看，老师形同父母。而朋友是就其志趣、追求言之；师生教学相长，长期共处，志趣相投者，必然达到如知己朋友般的共享求道之乐的境界。

师生关系的三个层面的内涵，在表现上各有侧重，尊卑着重于外在礼节仪式，父子着重感情，而朋友着重超越性的志趣理想。就对民众观念影响之深言，尤以第二层次为最。提到师生关系，民间习惯上都是说“师徒如父子”。最早的范例如颜回之于孔子，孔子在这个最得意的学生死后，就曾感伤地回忆说：“回也，视予犹父也。”（《论语·先进》）后世人们也常参照孝的理念，对尊师之礼进行评判。宋儒在这方面特别讲究，如胡瑗（993—1059）。据历史记载，他天性沉潜笃实，为师颇能以身作则。“虽盛暑，必公服坐堂上，严师弟之礼。视诸生如子弟，诸生亦爱敬如父兄。”（《宋元学案·安定学案》）按传统礼节规定，当师生之礼与君臣之礼交叉时，应以师礼为主。《礼记·学记》说：“君之所不臣于其臣者二：当其为尸，则弗臣也；当其为师，则弗臣也。大学之礼，虽诏于天子无北面，所以尊师也。”“为尸”即充当受祭对象的象征，这是早期祭礼通行的做法，后世改以神像牌位代替。“当其为尸”则不行臣礼，是要表达对受祭祖先神灵的敬意。除此之外，则只有老师可以不对为君者行臣之礼。程颐任经筵讲官时，特重师道之尊，每次都让皇帝站着听，自己坐着讲。当然，师生关系也有非常随和洒落的一面，如程明道回忆老师周敦颐（1017—1073）：“某自再见周茂叔后，吟风弄月以归，有‘吾与点也’之意。”弟子谢良佐（1050—1103）对他本人也有类似印象：“明道终日坐，如泥塑人，然接人浑是一团和气。”（《宋元学案·明道学案下》）

恺悌君子

“子曰：君子之教以孝也，非家至而日见之也。教以孝，所以敬天下之为人父者也。教以悌，所以敬天下之为人兄者也。教以臣，所以敬天下之为人君者也。《诗》云：‘恺悌君子，民之父母。’非至德，其孰能顺民如此，其大者乎！”（《孝经·广至德》）“孝”和“悌”作为伦理规范，本是针对宗法团体内部亲属关系说的，是与“公德”相对的“私德”。儒家伦理的最突出特点，是把孝悌的适用范围，从宗法团体扩大到整个天下，使之承担起“公德”的职能。“敬天下之为人父者”即“孝”，“敬天下之为人兄者”即“悌”，“敬天下之为人君者”即“忠”，经过《孝经》的这种解释，“孝”“悌”“忠”不再限于特定个人，而成为具有普遍意义的道德规范。为人子、为人弟者孝父悌兄，固然是针对作为父、兄的个人，但同时更是针对作为伦理角色的父、兄，即具体为父为兄者的实际表现，如此就不再会对孝悌原则的落实产生颠覆性冲击。慈父之为人子者固然当孝，顽父如瞽瞍，也仍不妨舜之尽孝，只是孝的具体方式进行了适应性调整而已。孝既是针对为人父、为人母者这种角色，那么从对自己之父母孝，到对全天下所有为人父、为人母者怀抱同样的感念和敬意，就成为理所当然。达到这样的品格境界，才称得上名副其实的“恺悌君子”，其人格魅力自然也就能够赢得全天下百姓的爱戴和追随。在世为人的最终目标，按儒家说法是学做“圣人”（贤）。从理论上说，“涂之人百姓，积善而全尽谓之圣人”（《荀子·儒效》），任何人都具备成为圣人的潜质。但“圣人”作为终极目标，现实生活中的任何个体，都很难说自己就能完全达到，连孔子活着的时候，也不敢以“圣”自居。真正对普通人具有示范作用的，实际上是比“圣人”（贤）稍低层级的“君子”。“君子”就其精神实质而言，乃是孝悌精神的人格化体现。有子对此说得很清楚：“君子务本，本立而道生。孝弟也者，其为仁之本与！”（《论语·学而》）理解“君子”人格的构成和具体表现，对于更切实地把握“孝悌”伦理的精神，无疑能够提供有益的启示。

一　何谓君子？

在荀子笔下，“君子”有时和“君”“君主”是同义词。“君者何也？曰：能群也。能群也者，何也？曰：善生养人者也，善班治人者也，善显设人者也，善藩饰人者也。”（《荀子·君道》）“君”的本意，是能够发挥统领带头作用，对群体规范秩序的维护做出特殊贡献，使群体成员的生活得到更好保障，能够得到大家的普遍拥护。“子者，丈夫之通称也。”（《白虎通·号》）所以，“君子”可作为王者尊号，与“君”“君主”同义，也可以泛指一般意义上的贵族成员，与所谓“小人”相区别。《易经》卦爻辞中的“君子”“小人”，基本上都属于这种情况。春秋末期之后，情况开始发生变化。区别“君子”“小人”的标准，从主要依据所从属的阶层地位，慢慢转向更多地考虑个人主观的德行。《论语》中说到“君子”，有时强调的是地位尊贵，如说：“君子之德，风；小人之德，草。草，上之风，必偃。”（《论语·颜渊》）“君子”身处高位，受到广泛注目和尊崇，是大家争相效仿的对象，其举手投足、一言一行，都会产生示范效应，所以用“风”来类比其所可能发挥的影响。“小人”地位卑下，见识和眼界都有局限，如何待人处事，缺乏主见，只能如“草”一样左右摇摆，随“风”转移。或为“风”，或为“草”，或带动影响他人，或被他人影响带动，这种不同，主要是由所处地位决定的。但也有些时候，《论语》所谓“君子”“小人”，指向的却显然是主观性的心志品格，如说：“君子成人之美，不成人之恶，小人反是。”（《论语·颜渊》）“君子”从着重指“位”，转向着重指“德”，这种变化背后的推动力量，主要来自两个方面，一是现实生活中“位”和“德”的分离，二是“君子”“小人”界限的混杂。虽然在原则上，几乎所有时代都会坚持“德”“位”统一的原则，或者是要求有“位”者守其“德”——在“世官”时代，或者是要求有“德”者居其“位”——在“选官”时代，但随着文明进化，人们越来越意识到，任何时代都无法完全避免有“位”者失其“德”或有“德”者不得其“位”的情况。这种意识推动了“位”和“德”

在概念表达层面的分裂。“君子”“小人”界限的混杂是说，春秋之后，封建解体，礼崩乐坏，僭越、征伐、谋反，无时不在上演，无论作为贵族的“君子”，还是作为庶民的“小人”，其身份都随时可能发生沦落或逆袭，对社会成员个体的判断评价，如果要想保持某种基本的稳定性，就应该尽可能减少对外在身份标签的依赖。

孟僖子曾任鲁国司空，是地位显赫的贵族，在他眼里，孔子系圣门之后，其先祖弗父何系宋国公室，曾有让国之德，所以他在临死前特意叮嘱自己的儿子向孔子拜师。从这个角度看，孔子的社会身份应属“君子”无疑。外界社会的这种看法，在少年孔子的自我意识中显然也产生了某种影响。有次鲁国当国大夫季孙氏宴请名士，年轻的孔子虽在服丧期间，也主动前去参加。但季氏家臣阳虎却把他挡在门外，理由是“季氏飨士，非敢飨子也”（《史记·孔子世家》）。在阳虎看来，孔子没有“君子”的身份资格，也就是说只能算身份卑下的“小人”。阳虎属势利之徒，其拦住孔子不让进门的做法十分无礼，但正因为是势利之徒，才可能有如此赤裸裸的表现，把当时世俗眼光中的孔子身份没有遮掩地暴露在了我们面前。孔子先祖是宋国公室，孟僖子这样的老派贵族视之为圣门之后，但在更势利者的眼光中，他实际上早已沦落到了下层社会。随着年龄增长，这种世俗眼光投射到孔子的心理世界之中，塑造了孔子的另外一重自我意识：“太宰问于子贡曰：‘夫子圣者与？何其多能也。’子贡曰：‘固天纵之将圣，又多能也。’子闻之，曰：‘太宰知我乎？吾少也贱，故多能鄙事。君子多乎哉？不多也。’”（《论语·子罕》）也就是说，孔子自认为年轻时属于“贱”民，因此不得不学习多方面的谋生技能，生活优渥的“君子”们当然是不必如此的。

“君子”能够在春秋晚期之后转型为纯粹的道德之称，也是因为在“君子”的阶层身份上，本来就寄寓着积极的道德属性。“周道如砥，其直如矢。君子所履，小人所视。”（《诗经·大东》）类似这种“君子”与“小人”的对称，凸显的并不完全是身份的高低差异，还包括人格特质的区别。其中与“君子”对应的人格特质通常都具有比较积极的色彩，如此也才能解释，恋爱中的女子，为什么乐意用“君子”作为自己心仪之男子的美称：“君子于役，不知其期。曷至哉？鸡栖于埘，日之夕矣，羊牛下来。君子于役，如之何勿思！”（《诗经·王风·君子于役》）儒家改造“君子”概念时，刻意突出德行品格和地位利禄两个侧面可能发生的冲突：“富与贵，是人之所欲也，不以其道得之，不处也；贫与贱，是人之所恶也，不以其道得（引者按：原文如此，疑有误）之，不去也。君子去仁，恶乎成名？君子无终食之间违仁，造次必于是，颠沛必于是。”（《论语·里仁》）“富”是利，“贵”是位，“仁”是德，这三者同为健康的人性所乐享。在理想的社会状态中，三者应该呈现统一的关系，有德才能有位有福，但在价值观念颠倒的“乱世”，三者间就会出现分裂，甚至形成对立。对立意味着，愈无德者，愈易得位；反过来，德操倒会成为求位求禄的障碍。这就是后世人所感叹的“古来圣贤多寂寞”，或“高尚是高尚者的墓志铭，卑鄙是卑鄙者的通行证”。这种对立，对人性构成了严峻的考验，也从根本上推动了“君子”概念立足点从“位”向“德”的转移。儒家的立场，是强调只有仁德才是君子之为君子的根本。颜渊甚至进而提出，正因为无位无禄，才给君子之为君子的崇高做出了格外有力的证明："夫子之道至大，故天下莫能容。虽然，夫子推而行之，不容何病？不容然后见君子！夫道之不修也，是吾丑也。夫道既已大修而不用，是有国者之丑也。不容何病？不容然后见君子。"（《史记·孔子世家》）这样一种对"君子"之"德"与"禄""位"关系的理解，为儒家人物坚持自己的人生选择，提供了道义合法性支撑，如此所谓"君子固穷"（《论语·卫灵公》）的自信，才成为可能。

春秋之后，特别是汉代中期之后，随着儒学成为主流意识形态，"君子"观念对中国人特别是士人面向生活的方式，发挥了重要引领作用。这种一般社会生活观念中的君子形象，概括起来，大体包括如下几个方面的特质：一是，遇到问题反求诸己的思维方式；二是，面对传统及外在社会规范的谦卑和尊崇态度；三是，"中庸"或"不为已甚"的方法论原则。这三种人格特质就其社会文化根源来说，都和以孝悌为核心的宗法伦理观念相关。

礼制表现在人际关系的处理模式上，最突出的特点就是"让"。"让"的理由就在于面对的是父母亲人，是兄弟姊妹，是骨肉同胞。这就像在古希腊罗马那种由陌生人组成的移民社会中，人与人的关系首先表现为"争"一样。立足"亲亲"的原则，在面对利益分配问题时，更合乎人情的态度就不是"争"，而是"让"或说"礼让"。孔融让梨的故事之所以被如此津津乐道，就是因为它集中体现了君子谦"让"的人格特征，而"让"

是礼制社会维持社会和谐稳定的最基本原则。小说《镜花缘》第十一回写东海上“君子国”的奇特风情，其中有一节是关于该国市场上买卖双方匪夷所思的争吵：有隶卒购物，嫌货品质优价反廉，执意抬价，而售卖者执意不肯；又有小军购物，付款后卖方嫌付款过多，坚持退还一半；复有农人购物者，付款后卖方执意不让他离开，理由是所付银子成色太足，要求从数量上相应扣减，而买方坚决不接受。这些情节虽出自作者虚构，且本意在于对现实中国盛行的“争”进行批评，但只有长期浸润于中国式礼让传统中的人，才有可能形成如此奇异的思维，才有可能想象出这种完全无视买卖关系的基本逻辑的市场奇观。礼主“让”的传统，上升到思维方式和人格修养方式层面，就是反求诸己，就是宽以待人而严以律己，这是“君子”区别于其他传统中的诸如“武士”“绅士”“公民”“战士”等人格范型的最核心特征。

“礼让”的理由在于亲亲之爱，却被认为可以在全社会范围内发挥作用，原因在于古代的中国式社会，在本质上是基于人情的社会，这种社会的组织，很大程度上依附于“国”（独立于国家政权控制之外的“社会”，则可能被认为带有“异端”乃至“黑社会”色彩），而“国”又在某种意义上只是氏族性的“家”的延伸。中国人生活在这样的组织环境中，其思维方式自然也是“在家”性的。“在家”是中国人常规的生存状态，家内的纷争无论形式上如何激烈，本质上都被认为发生于“血浓于水”的骨肉同胞之间，因而“让”不仅应该，而且也被认为应该有效。桐城“六尺巷”的传说故事，就是这种信念在日常生活层面的呈现。生活在这种环境中，遇到问题能够礼让为主，不被认为是懦弱胆怯，而被认为是富于仁爱包容精神，有这种仁爱包容精神就是正面性的“君子”。反之，遇到问题只考虑自己，试图以“争”的方式达到利益最大化的目标，就被认为是负面性的“小人”。颜回堪称儒门中君子形象的典型代表，按孔子的说法，颜回“不迁怒，不贰过”（《史记·仲尼弟子列传》）。“不迁怒”说的是他勇于承担，首先从自己身上找各种问题的原因，而不是诿过于人，将责任推到客观和他人身上；“不贰过”说的是他严格自律，随时反省自己，因此才可能同样的错误不犯第二次。曾子在这方面也很有代表性，用他自己的说法，就是：“吾日三省吾身：为人谋而不忠乎？与朋友交而不信乎？传不习乎？”（《论语·学而》）小人的形象与此相反，对自己恣意放纵，对他人却挑剔苛刻；有了成绩据为己有，遭遇失败则必定要从他人或客观方面找理由，如此当然也就永远难以真正提升自我。

君子面对传统和外在社会规范，通常都会表现出谦卑尊崇的态度。所谓“畏天命，畏大人，畏圣人之言”（《论语·季氏》），强调的就是这种态度。这种谦卑尊崇的性质，不是畏惧，而是敬奉和认同，是对外在生存环境（既包括社会环境，也包括自然环境）根本上的眷恋和归属感。这种面对外在规范和权威的谦卑和尊崇，其前提是亲亲之爱：“其为人也孝弟而好犯上者，鲜矣；不好犯上而好作乱者，未之有也。”（《论语·学而》）这与西方文化精神中个体对外在环境在根本上的疏离和怀疑态度，形成很大反差。孔子致力于“仁”，而以“克己复礼”释“仁”。所谓“非礼勿视，非礼勿听，非礼勿言，非礼勿动”等，联系着的，实际上是君子对自我心性的谨慎，是面对传统和外在群体规范的谦恭。小人不同，小人专注一己名利，恣意放纵，缺乏接受外在规范约束的愿望和能力。君子的反求诸己与尊重规范，貌似指向相反，实则价值指向完全一致。反躬自省，一本良知行事做人，这本身就是对社会规范秩序的维护和加强；而恪守公序良俗，也为内在自我完善提供了动力支持。社会规范相对固定，不免有时陷入僵化，如此个体本心的鲜活自然有助于化解这种僵化；本心灵动明慧，却易受当下具体感性因素的魅惑，如此，则面对外在规范的谦卑尊崇有助于个体持守常道，避免陷入不同形式的极端主义。特定历史时期，作为社会规范的礼法名教，和君子作为个体的心性感受之间，可能出现某种难以化解的对立，这种对立的形成，意味着的乃是根本性的社会和文化危机。置身这样的时代，选择尊重外在社会规范，就意味着良知的麻木甚至丧失；而选择忠于个体感受，就意味着需要超越乃至抗拒社会规范。阮籍（210—263）等“礼法岂为我辈所设耶”的傲慢，实则反映的是特定时代背景下心灵的无奈。但尽管有其特殊理由，魏晋名士放荡礼法的生活态度，流风所及，仍对后世风尚产生了消极影响。因此，典型的儒家君子，即或承受内心感受与时代风尚的分裂，也仍倾向于维持二者之间的适当平衡，而尽力避免激烈的正面对抗。

所谓“中庸”或说“不为已甚”作为方法论原则的崇高地位，也与人情社会的环境特征有关。在陌生人社会，无论是势均力敌的平等合作伙伴关系，还是控制和服从的强力博弈关系，都是立足单方面自我安全和利益需要的，其中关注的焦点在于公平（就合作关系言）或胜败。不论是合作者间的协商和契约关系，还是征服与被征服者之间强力的控制与反抗，都主要是考虑如何使自己的利益最大化或胜利彻底化，“中庸”作为美德的地位相对较低。在血缘亲属环境中，利益是非得失和胜败输赢的严重性则相对平淡得多，尽管现实生存规律决定了人在任何环境中都不可能完全不考虑自我利益，但受亲情伦理限制，那种极端化的斗争哲学就缺少市场，对个人自由与权利的坚持也难以达到陌生人社会中的那种理直气壮。

二　彬彬君子

孔子解释“君子”的气质特征时说：“质胜文则野，文胜质则史。文质彬彬，然后君子。”（《论语·雍也》）当代学者李泽厚用“情感”解释“质”“理性”解释“文”：“‘质胜文’近似动物，但有生命；‘文胜质’如同机器，更为可怖。孔子以‘礼’、‘仁’作为中心范畴，其功至伟者，亦在此也：使人不作动物又非机器。”[①]也就是说，“君子”之为“君子”，最重要的是能在感情与理性之间保持平衡，有原则性又不失人情味。这种解释很有新意，在现代化发展导致人性分裂、感情与理性往往发生冲突的背景下，也很有现实针对性。但就传统中国的实际来说，把“质”说成“情感”，“文”说成“理性”，又不免有点冒险。中国精神既很难说就是主“情”，又很难说就是主“理”，而实际上是把文化和人性的重心奠定在“情理”的基

① 李泽厚：《论语今读》，第157—158页，安徽文艺出版社，1998年版。

础上。“情理”意味着“情”与“理”没有完全分化，二者呈现为某种既相互限制又相互支持的二元一体结构，只是在操作过程中，会依据情境不同而有轻重不同程度的调整。中国文化中的具体什么因素是“理性”的体现，什么因素是“情感”的体现，实即上很难划出明确界限。就“礼”和“法”的关系说，可以认为“法”偏于“理性”，而“礼”通于“情感”；就“礼”和“仁”关系说，则“礼”偏于规范化的“理性”，“仁”通于体验性的“情感”；就“仁”和“孝”的关系说，“仁”作为普遍性规范更近于“理性”，“孝”作为特殊性偏向则近似“情感”；就“孝”和“慈”的关系说，“孝”偏于人为规范性的“理性”，“慈”偏于生物本能性的“情感”。中国文化的几乎所有方面，都体现出这种情中渗透着理、理中贯注着情的特点。甚至，连“人情”和“物理”都是连续性的，所以“仁民”与“爱物”作为主体精神方式也具有贯通性。这是由中国传统社会的宗法政治传统决定的，是国与家同构一体、政治与伦理相互融合的现实在人们行为规范和思维方式层面的自然呈现。

处理宗法家族关系特有的方法和在这样的环境中形成的一整套做人的道理，是理解君子性格逻辑的关键。“君子义以为质，礼以行之，孙以出之，信以成之。”（《论语·卫灵公》）君子理当恪守的仁、义、礼、智、信等不同德目，在具体践行过程中，都需要结合宗法社会的环境要求，认真协调与孝悌伦理之间可能出现的各种关系。君子的修养程序，被《大学》概括为“格物、致知、诚意、正心、修身、齐家、治国、平天下”“八条目”，而其所欲达到的境界，被张载（1020—1077）概括为四句话：“为天地立心，为生民立命，为往圣继绝学，为万世开太平。”（《正蒙·乾称篇》）但无论就程序的落实还是就境界的最终达到而言，都需要立足于孝悌伦理这种为人的根本。孟子设想中的舜帝，甚至为了自己所承担的人伦责任而毅然放弃天子之位，背着瞽瞍逃到化外之地。儒家叙述中通常不以“君子”而以“圣王”称舜，但被“圣”化了的舜，其实是所有追求自我人格完善的“君子”们共同效仿的楷模。

舜的选择方式在传统中国有必然性，也有相当普遍性。中国的“社会”和“国家”都是依托氏族组织发展形成的，氏族组织中基于血缘而形成的亲属关系，成了人们理解“社会”和“国家”范畴内的人际关系的“模板”。适应这样的现实，国家范围内的政治道德和社会范围内的公德，都通过比照亲属伦理的方式建立。亲属伦理的核心是孝悌，孝悌不仅是家族生活中的私德，也具有作为政治性道德和社会性公德的根基的地位。要维护作为政治道德的“忠君”或作为社会公德的“仁义”，就要强化作为它们根基的“孝悌”，“以孝治天下”的口号就是基于这种本末关系提出的。在西方文化传统中，契约性的社会伦理形成之后，社会整体性的意识形态对亲属伦理的作用范围持严格限制态度，乃至，最终即使是家庭内部的关系，人们也习惯于运用社会公共领域内通行的契约原则加以处理。而在中国，尽管特定情况下，立足家族本位的孝悌伦理，也会对国家和社会观念造成冲击，但国家和社会对孝悌伦理总体上始终持维护态度。尽管舜贵为天子，当人伦义务和政治责任出现冲突的时候，孟子仍坚持认为，依据两害相权取其轻的原则，他也只能选择放弃天子的责任，

“窃负而逃”，到化外之地享受天伦之乐。在儒家的论说逻辑中，他这样做固然是为了维护自己的父子天伦，实际上同时也是在维护社会风化和国家政治秩序的根基。

汉代之后，出于维护君主集权政治统治秩序的需要，在父权与君权、人伦与国法的关系上，儒家论述的重心相较孔孟有所调整，汉唐以后历代朝廷也都试图从法律层面对二者可能出现的矛盾进行协调，但孝悌作为道德观念体系根基的地位始终保持着。曾国藩（1811—1872）是同治中兴的核心人物，道德、事功、文章、风节都备受推崇，堪称中国传统社会末期最具影响力的“君子”标本。考察他的行事为人，就会发现，在对待孝悌伦理的态度上，他与舜的选择倾向几乎完全一致。曾国藩事功、文章等方面都有很高成就，但获得社会最广泛称誉的，却是其《家书》。孝悌为本是儒家的一贯思想，曾国藩则结合自己时代的具体特点，对这种思想做出了许多有针对性的阐发，特别是在自己的人生过程中，进行了有示范意义的践履落实。隋唐之后，科举昌明，迄至明清，通过科举改变家族命运的观念日益深入人心，求取功名成为一般人心目中读书的根本功用所在。这在《儒林外史》等小说中，有十分生动的描写。但曾国藩强调，“为学”须服从于“为人”，“孝悌”作为“为人”根本，重要性永远高于举业、学问、功名：“今人读书皆为科名起见，于孝悌伦纪之大，反似与书不相关。殊不知书上所载的，作文时所代圣贤说的，无非要明白这个道理。若果事事做得，即笔下说不出何妨！若事事不能做，并有亏于伦纪之大，即文章说得好，亦只算个名教中之罪人。……《曲礼》《内则》所说的，今人都依他做出，务使祖父母、父母、叔父母无一时不安乐，无一时不顺适；下而兄弟妻子，皆蔼然有恩，秩然有序，此真大学问也。若诗文不好，此小事，不足计；即好极，亦不值一钱。”“吾所望于诸弟者，不在科名之有无，第一则孝悌为端，其次则文章不朽。诸弟若果能自立，当务其大者远者，毋徒汲汲于进学也。”[①]曾国藩对家中子弟是如此叮嘱，对自己同样是如此规范要求。咸丰二年（1852）七月，曾国藩外放赴江西出任考官中途，闻母丧，当即急回乡。咸丰七年二月，正在江西瑞州湘军大营中的曾国藩，接父丧讣闻，不待谕旨即委军而去，随后上书请求“在籍终制”。[②]此举虽遭左宗棠等指责及湖南当地乡绅物议，而终不为所动。

曾国藩之所以能够如此坚定，是因为在他看来，对孝悌人伦的践履和维护，不单纯是私人情感需要，而实际上联系着具有普遍社会政治意义的价值原则。曾国藩奉命办团练组织新型军队后，在管理体制上有意识地进行了变革，变革的出发点，就是将孝悌伦理吸收到军队的管理体制之中，所谓“带兵如父兄之带子弟”，是湘军体制上的最大特点。湘军改绿营、八旗通行的世兵制为招募制，按规定，统领挑选营官，营官挑选哨弁，哨弁挑选什长，什长挑选勇丁。并要求，所招募的勇丁，“取具保结”，以其籍贯里居亲属造册存档，如果上司落职或死难，则所部即行解散，由新统领重新招募。湘军的组织由是表现出浓厚的“呼朋

① 《曾国藩全集》第十九卷，第67、87页，岳麓书社，1985年版。

② 参看黎庶昌编、李翰章审订：《曾文正公年谱·咸丰二年十二月》，朝华出版社，2018年版。

引类”的特点，同营之内，多本家、亲属、师友之类。曾家兄弟五人有四人从军，罗泽南部湘军纯用其弟子为营哨，其他王鑫、江忠源部族人全在军中。统领招募下属时都尽量选募本乡本族人，借助利益和感情两方面的力量，湘军将内部每个成员的身家前途都与上司紧密捆绑起来，形成带有浓厚宗法色彩的特殊军队体制。曾国藩治军，还重视通过歌谣等形式对文化水平不高的士兵群体进行“忠义血性”教育，据称如父母之教子，有殷殷望其成立之意，以至湘军中下属视上司有如子弟之事父兄。这就使本来只是乡勇团练性质的湘军，拥有了远非清朝正规军队所可比的战斗力，其凝聚力也非太平军可比。

曾国藩重人伦胜过政治、重情感胜过功名、重道义胜过权力的行事风格，生前身后对围绕在他身边的人都产生了很大影响，进而对近世中国，特别是湖湘地区士风，起到了有益的砥砺作用。左宗棠与曾国藩同为同治中兴的核心人物，两人年岁相近，性格际遇反差甚大，而纠葛牵绊一生，其间曲折，最能见出曾的用心和修为。左宗棠才高气傲，但科场不利，会试三考三败，只能一怒之下回乡教书。曾国藩怜惜左的经世之才，在其困顿时，曾有提携举荐之恩，但左宗棠经曾国藩举荐出任浙江巡抚独当一面后，每每与曾意见相左，致有面对朝廷的相互攻讦。但在涉及国家朝政的大是大非问题上，曾国藩对左宗棠的正确主张仍旧该支持时即鼎力支持，这在左宗棠率军平定新疆问题上表现最为明显。故曾国藩辞世时，左宗棠敬献挽联曰：“知人之明，谋国之忠，自愧不如元辅；同心若金，攻错若石，相期无负平生。”“自愧不如”出自左宗棠之口，当是对曾国藩人格感召力的最好诠释。青年时代的毛泽东也曾说：“愚于近人，独服曾文正，观其收拾洪杨一役，完满无缺。使以今人易其位，其能如彼之完满乎？”[①]尽管在接受马克思主义之后，毛泽东在政治上对曾国藩持极端否定立场，但曾国藩以书生身份率领由农民组成的军队积累的很多经验，给毛泽东的印象显然是非常深刻的，他在土地革命时期的很多做法，从重视提升官兵间的凝聚力这种根本性的治军思路，到借助歌谣对官兵进行思想教育这种细节性操作，都不难看出对湘军的借鉴和继承关系。

曾国藩虽因缘际会，最后位极人臣，但就本心言之，似更崇尚耕读孝友之家：“吾细思凡天下官宦之家，多只一代享用便尽，其子孙始而骄佚，继而流荡，终而沟壑，能庆延一二代者鲜矣。商贾之家，勤俭者能延三四代；耕读之家，谨朴者能延五六代；孝友之家则可绵延十代八代。”[②]基于这样的认识，他曾写信给诸弟说：“季弟又言愿尽孝道，惟亲命是听，此尤足补我之缺憾。我在京十余年，定省有阙，色笑远违，寸心之疚，无刻或释。若诸弟在家能婉愉孝养，视无形，听无声，则余能尽忠，弟能尽孝，岂非一门之祥瑞哉！愿诸弟坚持此志，日日勿忘，则兄之疚可以稍释，幸甚幸甚。”[③]尽管咸丰二年（1852）十一月奉谕以在籍丁忧侍郎身份帮同办理团练后，三个弟弟随他加入湘军与太平天国作战，但四弟曾国潢受这种思想影响，始终未寻求出

① 《毛泽东早期文稿》，第 85 页，湖南人民出版社，1990 年版。
② 《曾国藩全集》，第十九卷，第 187 页，岳麓书社，1985 年版。
③ 《曾国藩全集》，第十九卷，第 220—221 页，岳麓书社，1985 年版。

仕，终生在籍管理祖业，侍奉亲长；儿子曾纪泽也绝意功名，弃绝举业。

曾国藩人格精神的这个侧面，是对先秦儒家孝悌为本观念的继承，同时也联系着“君子”观念在宋明之后出现的新变化。西汉中期以后，儒家伦理思想通过与现实政治制度结合，建立了完整的名教制度。所谓名教制度，可以从两个方面理解，一是孔子说的“正名”，即根据人的身份和职位规定其责任和行为方式，所谓“君君、臣臣、父父、子子”（《论语·颜渊》）；二是通过引导人们看重、珍视自己的身份、名声来克制内在的私欲冲动。袁中道（1570—1626）说：“名者，所以教中人也。何也？人者，情欲之聚也。任其情欲，则悖礼蔑义，靡所不为。圣人知夫不待教而善者，上智也；待刑而惩者，下愚也。其在中人之性，情欲之念虽重，而好名之念尤重，故借名以教之，以为如此，则犯清议，如彼，则得美名。使之有所惧焉而不敢焉，有所慕焉而不得不为。……好名者，人性也，圣人知好名之心，足以夺人所甚欲，而能勉其所大不欲。而以名诱，此名教之所设也。”（《珂雪斋集》卷二十《名教鬼神》）汉代朝廷倡行“以孝治天下”，定期或不定期在全国或地方范围内奖励孝悌，要求地方官在治理范围内察举孝廉向朝廷举荐，作为任用官员的主要依据。“孝廉”本是个人德行修养，要转化为政治选拔性标准，就不能不制定具体的考核标准。客观化考核指标有推动社会风气改善的作用，但也会催生刻意针对考核标准实施的表演性善举，这种表演性善举实质上属于伪善。某种意义上，伪善对于道德的伤害，甚至可能超过赤裸裸的恶本身。到东汉后期，名教制度的异化日益严重，相应地也影响到了儒家所谓“君子”在人们心目中的形象。“君子”很多时候，似乎成了“伪君子”的代名词。如此才能理解为什么魏晋时期的很多名士都对周公、孔子代表的“君子之道”采取排斥态度。如阮籍就在《大人先生传》中标举“大人”作为自己精神理想之寄托，而对儒家历来标榜的“君子”极尽嘲讽，视之为借礼法名教牟取个人名利的伪君子。

针对伦理工具化、伪善盛行的名教流弊，宋儒有意识地吸收道家思想成分，试图淡化“君子”形象中的世俗化倾向。周敦颐“爱莲”之说在这方面很有代表性：“予谓菊，花之隐逸者也；牡丹，花之富贵者也；莲，花之君子者也。噫！菊之爱，陶后鲜有闻。莲之爱，同予者何人？牡丹之爱，宜乎众矣！”（周敦颐《爱莲说》）对莲荷的欣赏，寄托着周敦颐乃至宋后士人阶层特有的人生趣味和理想人格观念。周敦颐心目中的“君子”，一方面与“隐逸者”相对，另一方面也与汲汲于富贵荣华者保持距离，有一份特殊的清高自持，所谓“出淤泥而不染，濯清涟而不妖，中通外直，不蔓不枝，香远益清，亭亭净植，可远观而不可亵玩焉”。周敦颐对“君子”的这种阐释，在他之后渐渐演化成为一种传统。明代黄凤池在《集雅斋梅竹兰菊四谱小引》中说：“文房清供，独取梅竹兰菊四君者无他，则以其幽芳逸致，偏能涤人之秽肠而澄莹其神骨。”借梅、竹、兰、菊的形象强调君子人格傲、幽、淡、逸，继承的就是这种传统。周敦颐是理学的开山祖师，与邵雍（1012—1077）、张载、程颐、程颢（1032—1085）并称“北宋五子”。表达自己人生志趣和理想追求时，刻意与世俗主流价值保持距离，可以说是这些人的共同倾向，尤以邵雍最为突出。所谓“樽前揖让三杯酒，坐上交争一局棋”（邵雍《首尾吟》），这样的人生观念表达的，乃是要将道德君子提升到与天地自然世界相通的超道德境界的愿望。这种理解“君子”人格的新视角，与理学的性质是一致的。理学属于儒学，是儒学发展到宋明时期形成的特殊形态。理学不同于汉唐时期的经学，也不同于先秦时期孔孟荀代表的原始儒学，其中很重要的原因，就在于它从道家和佛教中吸收了很多养分，形成了自己思想观念和方法上的新的特点。表现在对君子形象的理解上，就是更强调其道德超越品格。这种倾向后来在王阳明（1472—1529）的心学中，有更细致充分的理论发挥。一方面，传统儒家学做“圣人”或说“内圣外王”的理想，奠定了曾国藩基本的人格气象；另一方面，作为理学信徒，北宋以来淡泊功名的士风对他的人生趣味也产生了影响。如此就能够理解，为什么一方面是建不世之功，位极人臣，另一方面则是勉励子弟毋汲汲于进学，而应以爱亲敬老耕读孝友为人生寄托。前者保障了作为儒家“君子”的入世品格，以此与佛道禅寂养生之徒划清界限；后者则保障了道德“君子”的超越性精神品格，从而避免在实践中流于功名利禄之徒。

三　“君子”和“战士”

历史学家罗尔纲（1901—1997）如此叙述对乃师胡适的印象：从不曾见过如此厚德君子之风，抱热忱以鼓舞人，怀谦虚以礼下人，存慈爱以体恤人，使我置身其中，感觉到一种奋发的、淳厚的有如融融的春日般的安慰。[1]对胡适有类似印象的当然不止罗尔纲一个人，以至不知是单纯地为了表示敬意，抑或还同时带了几分戏谑，总之“我的朋友胡适之”“世间如果有君子，名字一定叫胡适”之类说法，从民国到如今，一直被口耳相传。作为“五四”和新文化运动的核心成员，胡适批判儒家伦理乃至鼓吹“全盘西化”的立场众所周知，但另一方面，他又力图将批判矛头限制在“后儒”范围内，认为在父子伦理问题上，孔孟强调的是父子双方相互间的责任义务——父慈子孝，只是汉以后才蜕变为单方面的道德要求——父为子纲，对后者需要彻底扬弃，对前者则不妨积极承续。胡适置身新文化营垒，无新儒家之名，但说他是适应时代环境要求的新型儒家也未尝不可。较诸新文化运动中的其他同道，如鲁迅、陈独秀等，对以儒家为代表的传统文化的态度，胡适无疑保持着更多的同情和宽容。这在其晚年口述自传中表现得很明显：“有许多人认为我是反孔非儒的。在许多方面，我对那经过长期发展的儒教的批判是很严厉的。但是就全体来说，我在我的一切著述上，对孔子和早期的‘仲尼之徒’如孟子，都是相当尊崇的。我对十二世纪‘新儒学’的开山宗师的朱熹，也是十分崇敬的。我不能说我自己在本质上是反儒的。”[2]与从舜帝到曾国藩等历代君子一样，孝悌观念在胡适的人格结构中，同样处于根基性地位。胡适 13 岁时，守寡的母亲为

① 参看罗尔纲：《师门五年记——胡适琐记》，第 43—48 页，生活·读书·新知三联书店，1998 年版。

② 唐德刚：《胡适口述自传》，第 282—283 页，华文出版社，1989 年版。

他订了婚。就心性气质说，胡适几乎可称天生的风流才子。对这桩婚事，胡适也曾从内心反复疑虑、矛盾、抗拒。在接触了解西方社会的恋爱自由、婚姻自主后，胡适也很动心，有过不止一次爱情尝试。实际上，“五四”之后直到20世纪50年代，抛弃旧式婚姻也堪称是一种时代性的风潮。但最后，胡适还是因为“不忍伤了几个人的心”，情愿与识字很少的小脚太太江冬秀携手走完一生。用历史学家唐德刚的话说，成就了江冬秀作为中国旧式婚姻制度“最后一个福人”的地位。为了免除母亲对自己可能的婚变的担心，胡适26岁在美国时，还特意写过一首诗表白心迹：“岂不爱自由？此意无人晓。情愿不自由，也是自由了。”胡适婚后给友人胡近仁的信中解释说：“吾之就此婚事，全为吾母起见，故从不曾挑剔为难。若不为此，吾决不就此婚。此意但可为足下道，不足为外言也。今既婚矣，吾力求迁就，以博吾母欢心。吾之所以极力表示闺房之爱者，亦正欲令吾母欢喜耳。”①

同属新文化运动的中坚人物，鲁迅家庭环境和婚姻过程与胡适都非常相似。寡母鲁瑞1901年在没有征求鲁迅意见的情况下为鲁迅订婚，1906年以自己病重的名义骗鲁迅从日本回国与朱安成婚。鲁迅婚礼上服从了母亲安排，但婚后始终坚持朱安只是母亲送给自己的“礼物”，只能好好地“供养”，爱情是“不知道”的。因为没有爱情可言，所以终鲁迅一生，从未与朱安有夫妻之实。以致朱安曾非常悲痛地说：娘娘怪我不怀孩子，大先生连我

① 耿云志、欧阳哲生编：《致胡近仁（1918年5月2日）》，《胡适书信集》（上），第155页，北京大学出版社，1996年版。

的房间都不进，我怎能怀孩子！作为旧式女性的朱安，愧疚自己不能讨得丈夫欢心，不能尽到替周家传宗接代的责任，无奈之余只好写信劝丈夫纳妾，使鲁迅更认为她“荒谬”，也就更冷淡。胡适对自己遭遇的态度，和鲁迅相比就有很大不同。虽然文化水平、见识趣味和江冬秀同样存在悬隔，婚后的胡适还是以更宽容的心态来对待这个事实。他劝导江冬秀学习认字、写信，自己也常与妻子通信。尽管江冬秀的信每次只有寥寥几句话，且错别字很多，胡适还是感到很安慰，并予以鼓励。胡适有首诗专门叙述读妻书后的心情：“病重得他书，不满八行字；全无要紧话，颇使我欢喜。”显然，传统君子特有的律己、宽恕、妥协、不走极端，在胡适婚姻生活中发挥了很大影响。相形之下，鲁迅则确实是典型的不妥协的“战士”。

“五四”初期，鲁迅与胡适似乎志同道合，但随着时间推移，二人分歧越来越大，终至分道扬镳。就学术方面而言，胡适对于传统文化整体上持更温和态度，鲁迅则更决绝，用他自己的话说就是主张“少——或者竟不——看中国书”，对胡适“整理国故”的主张不以为然——尽管鲁迅自己也未尝没有整理过，对“问题”和“主义”关系的看法更与胡适南辕北辙。就政治方面说，胡适期望借助上层政治改革推动社会进步，主张和政权合作，做当政者的“诤友”，乃至最后走上亦官亦学的道路；鲁迅则对当政者采取坚决不合作态度。胡适对政权既批判又试图通过合作促其改良的态度，与历史上的儒家可谓一脉相承。传统社会中，儒家“君子”通常与“小人”构成对比，但在20世纪的中国，最有资格作为“君子”的对比，同时也对“君子”人格的正当性构成最大挑战的，当首推“战士”。“战士”人格成为崇高的荣誉并风靡全国，是到20世纪40年代末以后，但鲁迅完全有资格被称为这种人格类型在20世纪中国的先驱。

“君子”与“战士”这两种人格类型的对比，当然不只存在于胡适和鲁迅对待婚姻的态度中，在他们二人对传统文化的批判方式，及因观点分歧分道扬镳后对待彼此的方式上，都有很生动的体现。“文学革命”初期，为了渲染己方主张的社会影响力，同时树立方便的靶标，钱玄同（1887—1939）托名守旧人士“王敬轩”来信发表在《新青年》上。对这种托名假冒的行为，胡适认为属“轻薄之举”，不以为然；而鲁迅则坚持“矫枉不忌过正”，只要有利于对敌斗争，嬉笑怒骂，皆成文章。“行一不义，杀一无罪，而得天下，仁者不为也。”（《荀子·王霸》）在儒家看来，结果重要，而过程和手段同样重要。因此，对手段的选择，不能只考虑其直接成效，还必须考虑手段本身的正当性，让其经得起价值合法性原则的拷问。对此，代表法家思维的韩非，与站在儒家立场的老师荀子，在秦即将统一天下的历史关头，曾进行过激烈论战。在李斯（前284—前208）看来，秦之所以能够富国强兵、四世有胜，从根本上说就是因为敢于摆脱“仁义”之类道德教条的约束，“以便行事”。荀子站在儒家立场，尖锐地批判了这种说法的短视和浅薄：“女所谓便者，不便之便也；吾所谓仁义者，大便之便也。……秦四世有胜，諰諰然常恐天下之一合而轧己也，此所谓末世之兵，未有本统也。”（《荀子·议兵》李斯的说法当然并非全无依据，秦最终战胜山东六国、一统天下的事实，就是这套“以便从事”的政治和人生哲学客观效力的证明。但正所谓“其兴也勃焉，其亡也忽焉”（《左传·庄公十一年》），秦国一统天下后的迅速败亡，则在更开阔的历史视野中，向我们揭示了这套貌似实用有效的权谋之术的内在根本性缺失。荀子和李斯之后，从类似目的和手段、长期和眼前、全体与局部、道德和功利、理想和现实、伦理和历史之间对立抑或统一关系角度，对秦政长短得失进行的争论，一直没有中断。但其间是非，确实很难一言以蔽之。不施仁义、纯任诈力的秦政，固然多数情况下都被视作反面教材，但号称不击渡河之敌、以仁义著称的宋襄公，也因其脱离现实而成为被耻笑的对象。

鲁迅作为“战士”，如其临终时所表白的，秉持“一个都不宽恕”的原则，对与自己分道扬镳的胡适自是不会例外。只要机会合适，就不忘以“正人君子”的名义影射讥嘲胡适，且极尽刻薄。胡适于1922年7月曾发表《宣统与胡适》一文，记录自己当年5月份去故宫与宣统见面之事，动机只是基于对这个身份特殊因而不免寂寞的少年的同情，谈话内容也仅限于诗歌创作等文学话题。但几年之后，鲁迅却就此发挥说：“中国向来的老例，做皇帝做牢靠和做倒霉的时候，总要和文人学士扳一下子相好。做牢靠的时候是‘偃武修文’，粉饰粉饰；做倒霉的时候是又以为他们真有‘治国平天下’的大道……当‘宣统皇帝’逊位逊到坐得无聊的时候，我们的胡适之博士曾经尽过这样的任务。”[①]“九一八事变”后胡适对新闻界发表谈话，本意在于以“哀兵”姿态赢得国际同情，延缓战争的大规模爆发。对此有不

① 鲁迅：《二心集·知难行难》，《鲁迅全集》第四卷，人民文学出版社，1980年版。

同看法是正常的，胡适的民族立场本应是毋庸置疑的，但鲁迅却借此批判胡适是在给日本人做军师、出计策、献条陈："胡适博士……预备向'日本朋友'献条陈。……古代的儒教军师，总说'以德服人者王，其心诚服也'。胡适博士不愧为日本帝国主义的军师。"[①]就某些无关紧要的细节之事，鲁迅往往也会冷嘲热讽几句。如1933年3月20日托名"孺牛"在《申报·自由谈》撰文说："须多谈胡适之之流，但上面应加'我的朋友'四字，但仍须讥笑他几句。"[②]该文主题是针对轻薄文人的登龙术，却要顺带讥嘲胡适的"乡愿"气。对于来自鲁迅的这些批评乃至攻击，胡适始终保持沉默，而在需要提到鲁迅的文学和学术成就时，则总是尽可能予以客观评价。鲁迅去世后，苏雪林（1897—1999）攻击鲁迅心理病态、人格卑污，胡适还曾出面批驳，认为爱而知其恶，恶而知其美，方是持平之论；坚持鲁迅自有其长处，称其早年的文学作品和小说史研究等，都属上等工作。这之后，还应许寿裳（1883—1948）等人请求，出任"鲁迅全集编辑委员会"成员，为鲁迅全集的编纂出版提供了切实帮助。

作为"战士"型人格先驱的鲁迅，当然也不免先知者的孤独，但就其所获得的社会声誉和认可而言，在20世纪的大部分时段里，无疑远超胡适。在20世纪初的国共对立中，胡适选择站到国民党蒋介石一方，大陆官方在50—70年代对胡适思想及

---

① 鲁迅：《伪自由书·出卖灵魂的秘诀》，《鲁迅全集》第五卷，人民文学出版社，1980年版。

② 鲁迅：《集外集拾遗补编·文摊秘诀十条》，《鲁迅全集》第八卷，人民文学出版社，1980年版。

人格的否定自是不待言。即便是胡适曾鼎力支持的蒋介石，其内心深处实际上对胡适也充满忌恨和排斥。1938 年蒋介石请胡适出任驻美大使，胡适巡游全美宣传中国抗战，利用自己的影响力扩大了美国社会对中国形势的了解和同情，但因为工作风格与蒋介石的期望不符，遭到蒋内心的强烈不满，蒋介石甚至在日记中写道，胡适使美四年，除为其个人谋得名誉博士十余个以外，对国家与战争毫无贡献。1958 年 4 月 10 日胡适出任迁台后的“中央研究院”院长，因为当场纠正蒋致辞中的“错误”，引起蒋的严重不满，在当晚日记中斥其狂妄荒谬，甚至称其心理病态已深，或将不久于人世云云。在 5 月 30 日的日记中又说：“以今日一般政客如胡适等无道义，无人格，只卖其‘自由’‘民主’的假名，以提高其地位，期达其私欲，对国家前途与事实概置不顾，令人悲叹……经儿婉报胡适与其谈话经过，乃知其不仅狂妄，而且是愚劣成性……”1959 年底，胡适请人传话劝蒋介石不要第三次参加“总统”竞选，蒋介石气愤已极，在日记中斥责“胡适无耻”“不自知”“不自量”。1962 年 2 月 24 日，胡适因心脏病猝发去世，蒋送挽联曰：“新文化中旧道德之楷模，旧伦理中新思想之师表。”貌似评价很高，但在日记中，蒋却发泄内心真实说：闻胡适心脏病暴卒。胡适之死，在革命事业与民族复兴的建国思想言，乃除了障碍也。[①]

蒋介石以理学信徒自居，讲究礼义廉耻，对胡适的君子风范本应有同气相求的感觉，但实际上却不是这样，作为政治人物，

---

① 参看陈红民：《〈蒋介石日记〉中的胡适》，《记者观察》，2018 年第 1 期。

其在政治上虽不得不对胡适加以笼络利用，而在情感上的排斥却始终未能完全消除。表面上看，这首先是由于不同的政治理念导致的，其次可能也与政客与书生的不同思维方式有关，但胡适式“君子”品格与20世纪中国社会政治大气候的根本性背离，可能也是很重要的原因。处于急风暴雨式的社会革命时代，无论政治上的哪一派，可能都不免觉得，就斗争目标之实现而言，“战士”比“君子”更切合时代的需要。但进入21世纪，新的历史和现实参照维度，使得对于胡适价值的新的认识成为可能。

四　“公德”和“私德”

古希腊及之后的古罗马，是近现代西方文明的源头。由于地理环境等方面因素的影响，古希腊人以航海、经商乃至海盗为业，古希腊城邦社会都是由来自不同氏族部落的移民组成的。移民共同体的扩大，在意味着文明的进步和国家产生的同时，也意味着原有氏族组织的解体，国家是踩着氏族组织的废墟崛起的，社会成员是以游离于血缘组织之外的个体身份进入社会公共生活和国家政治组织的。氏族组织建立在血缘亲属关系基础上，城邦国家和社会成员的联系建立在契约基础上，二者性质不同，适用的伦理规范也就不同。这种背景决定了，适用于家庭或氏族生活内部的私德，与适用于社会政治生活的公德，二者间存在明晰界限；政治关系与亲属伦理关系的不同性质也很清楚。但中国文明发生的模式与此完全不同，中国的“国”就是依托氏族组织发育成熟的，个人也首先是以氏族成员的身份现身的。在国家和文明诞生后，原有的氏族宗法组织，不仅没有随着国家统治的加强而彻底消亡，反而由于和国家政权的融合，在某种意义上得到了加强。反映到意识形态层面，在私德和公德之间，就难以划出明晰界限；对于政治关系和伦理关系的不同性质，也没有明确认识。所谓“天子作民父母”（《尚书·洪范》），就是这种意识形态特征的集中概括。进一步向基层社会组织延伸，“父母官”的概念也就成为理所当然。置身这样的文化传统中，儒家很自然地认为，孝悌不只对于维持家庭和谐有积极意义，而且还是整个文明秩序的根本支点。

19世纪中期之后，中国社会遭遇了西方文明的冲击。西方文化不仅提供了观照中国思想传统的外在参照，而且由于其在近代世界体系中占据的主导地位，还在某种程度上被当成了评判中国原有思想观念合法性的标准。站在西方文化视角反思“君子”，反思以“孝悌”为核心的儒家伦理，很自然地会产生诸多疑问。梁启超在反思变法失败的原因时就曾提出：“我国民所最缺者，公德其一端也。……吾中国道德之发达，不可谓不早。虽然，偏于私德，而公德殆阙如。……今试以中国旧伦理与泰西新伦理相比较，旧伦理之分类，曰君臣，曰父子，曰兄弟，曰夫妇，曰朋友；新伦理之分类，曰家族伦理，曰社会伦理，曰国家伦理。旧伦理所重者，则一私人对于一私人之事也。新伦理所重者，则一私人对于一团体之事也……吾中国数千年来，束身寡过主义，实为德育之中心点，范围既日缩日小，其间有言论行事，出此范围外，欲为本群本国之公利公益有所尽力者，彼曲士贱儒，动辄援‘不在其位不谋其政’等偏义，以非笑之、挤排之。谬种流传，习非胜是，而国民益不知公德为何物。”[①]梁启超大力宣传的“新民说”的关键点，就是要把社会成员从宗法家族组织中解放出来，使其以独立个体身份加入国家和民族的整体性结构中。

新文化运动以后，“孝悌”伦理的家族本位立场遭到更激烈否定，即使是对传统抱同情态度的学者，在这一点上往往也不例外。如林同济（1906—1980）曾提出，现代世界是竞争的世界，竞争的基本单位是国家而非个人或家族或其他团体，对于国家之间的竞争来说，重要的是所有成员都首先作为国家有机体的一分子，以“忠为百行先”：“大政治时代是以全体化的国力而从事于国际竞争的时代。在此时代中，必须树立‘忠为第一’主义，必须以忠为中心以建立我们全民族思想系统，以忠为基础建造我们国家的社会制度。这是我主张忠为百行先的立场。两大并不立。既是忠为百行先，则孝当降格。在此立场下，我反对孝为百行先。”儒家孝为百行之先的观念，会对国家作为政治组织的凝聚力造成冲击：“私德为先，公德为后，私德为主，公德为副。这是两千年来，我们宗法制度下的伦理之不可免避的倾向，不可免避的流弊。……忠孝的冲突是中国历史上永未解决的事实。尽管两千年前的圣哲登席高呼‘求忠臣必于孝子之门’，苦喊大家‘移孝作忠’，却是实际上我们观察社会一般人的行为，总不免觉得在我们家族主义的绑缚下，‘移孝’一功夫，难赛‘移山’；孝子之门，忠臣鲜焉，其中原因就是由于中国不但以孝为中心而

① 梁启超：《新民说·论公德》，《饮冰室合集·专集四》，第12—13页，中华书局，1989年影印本。

组成一套的思想系统，还凭此思想系统而组成一批‘吃人’的礼法，构出一个庞大的宗法社会，复杂的家族制度。”①

“五四”时期对孝悌伦理的批判，多针对其对个人权利、个性解放所可能造成的挤压；抗日战争时期，作为“战国策”派代表人物的林同济，适应当时的意识形态氛围，强调孝悌伦理对国家认同意识可能造成的负面影响。20世纪末以来，时代思潮的关注焦点，更多地集中到自由、平等、博爱等观念上来，受这种潮流影响，批判者往往把和这些价值观念之间可能出现的冲突作为否定孝悌伦理正当性的根据。相应地，辩护者也往往通过挖掘儒家思想传统中与这些观念相通的元素来反驳论敌。

舜是儒家心目中的圣王，是所有君子理应效仿的典范。对“孝悌”及“君子”的不同认识，在究竟应该如何评价舜的争论中有过集中展示。关于舜和父亲瞽瞍、弟弟象的关系，《孟子》中有两段对话，一发生在孟子与桃应之间：“桃应问曰：‘舜为天子，皋陶为士，瞽瞍杀人，则如之何？’孟子曰：‘执之而已矣。’‘然则舜不禁与？’曰：‘夫舜恶得而禁之？夫有所受之也。’‘然则舜如之何？’曰：‘舜视弃天下犹弃敝屣也。窃负而逃，遵海滨而处，终身欣然，乐而忘天下。’”（《孟子·尽心上》）另一发生在孟子与万章之间：“万章曰：‘舜流共工于幽州，放驩兜于崇山，杀三苗于三危，殛鲧于羽山，四罪而天下咸服，诛不仁也。象至不仁，封之有庳。有庳之人奚罪焉？仁人固如是乎？在他人则诛之，在弟则封之。’孟子曰：‘仁人之于

① 林同济：《大政治时代的伦理》，《今论衡》，科学教育社，1938年版。

弟也，不藏怒焉，不宿怨焉，亲爱之而已矣。亲之欲其贵也，爱之欲其富也。封之有庳，富贵之也。身为天子，弟为匹夫，可谓亲爱之乎？’”（《孟子·万章上》）就应该如何评价上述对话中的舜，学术界近十几年来发表过多种不同意见，其中否定性的意见概括为一句话，即“舜其实是中国历史上第一位有文本记述可资证明的曾经从事某些腐败行为的最高统治官员”[①]。至于儒家伦理思想，因为褒扬舜这样的腐败分子，自然也就难脱滋生腐败温床的嫌疑。

对这种意见的反驳当然也非常多。首先需要明确的是，舜的相关做法放在今天有没有正当性、可行性，是否值得现代人效仿，这是一个问题；这种做法放在孟子设想其发生的年代，在道德上应该做何种评价，这是另一个问题。就前一个问题来说，由于制度、观念和现实环境的变化，这些做法在当今时代，不具备道德上的正当性，也完全没有可行性，这是比较容易达成共识的。就后一个问题来说，一方面人性有其稳定和普遍性，古人与今人之间，存在相互对话理解——当然首先是今人理解古人——的前提，可以相互对话理解，也就未尝不可以从道德角度进行评价。但对人的道德评价，既不可能划出是与非之间的绝对界限，也不应脱离特定历史环境而诉诸抽象的道德标准。欧洲殖民者进入美洲大陆时，在与原住民争夺生存空间的过程中，曾经表现出其极残暴的一面，这一面从道德上来说当然是邪恶的，但因此就

① 刘清平：《美德还是腐败——析〈孟子〉中有关舜的两个案例》，《哲学研究》，2002 年第 2 期。

认为殖民者全都是没有道德能力的生番或品行低下的恶棍，也显然不符合实际，因为这完全无法解释随后美国文明的迅速崛起。这种情况表明，人性品质是非常复杂的结构，对人的道德评价，无法在是与非之间进行简单取舍。就道德评价与历史环境的关联而言，以对奴隶制度的看法为例，现时代的人会普遍承认，不是一部分而是所有人，就其本性而言，都应该享有正当的自由，人对人的奴役不具有正当性，奴隶制度是不道德的。但在历史上，包括柏拉图、亚里士多德在内诸多伟大的古典思想家，都曾为奴隶制度的正当性做过理直气壮的辩护。因为柏拉图、亚里士多德的这种维护奴隶制度的立场，就认定他们个人品行恶劣，也是缺乏说服力的。

文明是历史现象，道德也是历史现象，道德评价的尺度不可能没有历史性。讨论伦理规范的合理性，只从某种抽象的“正确”出发，而无视相关行为发生的特定情境，是行不通的。如前文所述，儒家建立发展“仁义”观念的工作不是凭空进行的，实际上继承了宗法氏族社会中的血缘伦理作为基础。之所以如此，是因为尽管相对于“孝悌”，“仁义”具有更普遍的适用性，却不得不面临着从何处寻求现实支撑的问题。在这一点上，与人性中本能性的亲子之爱存在直接关联的孝悌，有自己特别的优势。基于这样的理由，儒家把仁义嫁接到了孝悌身上，把孝悌设置为仁义的出发点和生长点，而把仁义阐释为孝悌的提升和扩充，由此确立起仁义观念的社会和文化根基。中国的“天下”和“国家”，其发展是以血缘氏族组织为依托的，即使在“国家”组织高度成熟之后，社会基层组织的宗法属性，也由于小农经济的普遍存在而没有根本改变。中国文明发育过程的这种特点，“天下”“国家”和氏族宗法组织的共生性，构成了儒家嫁接仁义和孝悌的现实合理性根据。由于具备这样的现实合理性，儒家的仁义就比墨家的兼爱等其他伦理观念表现出更强的生命力。孟子设想的舜，其行为逻辑，是这种宏观的文化和历史环境的投影，从个人品质角度进行评价是缺乏针对性的。柏拉图、亚里士多德乃至华盛顿、杰斐逊等人，都为奴隶制度辩护过甚至自己直接就是奴隶主，但不能因此脱离历史环境，让其个人品质为这种在今天看来当然是不合宜的立场或身份承担责任。同样道理，我们不能因为在舜的意识观念中存在家族观念和天下国家观念的矛盾，不能因为他在面临亲属伦理责任和社会道义责任的冲突时把前者放在优先位置，就从个人品质的角度对舜进行否定。面对特定历史情境中的人物，抽象地判定其某个具体行为就是道德上的“是”或者“非”，实际上是没有意义的。当然，围绕舜的这种争论也提醒我们，“君子”作为儒家倡导的人格理想，由于和传统社会文化环境的关联，有关其内涵和表现形态的各种阐述，不可避免地会存在这样那样的历史局限，如何克服这种局限，使其在新的时代条件下继续发挥对人们精神生活的有效引领作用，这个问题迄今仍很难说已经完全解决了。

《孝经》

“经”原指织布机上的纵线，引申后有起始、常久、治理等意思。在这种引申的意义上，人们往往把对自己起指导作用的著作称作“经”。古人通常认为，“经”是“圣人”所作，“圣”和“经”共同代表了社会的基本秩序。儒学是传统中国文化的基础，儒家学者很早就确立了自己的经典。荀子提出，士子的品德修养功夫，应从“诵经”开始。到汉代，儒学确立官学地位后，朝廷中立有“五经博士”，即以《诗》《书》《礼》《易》《春秋》为国家意识形态的依据。至唐，先是有《周礼》《仪礼》《礼记》“三礼”，加《春秋左传》《春秋公羊传》《春秋穀梁传》“三传”，和《诗》《书》《易》称“九经”。开成年间，加上《孝经》《论语》《尔雅》，称作“十二经”。宋代将《孟子》列入经典，由是而有流传广泛的“十三经”称谓。“十三经”之中，从思想的创造性和学术的系统性来说，《孝经》都比不上其他儒家经典。其篇幅也特别短，只有不到两千字。但该书及围绕它的各种通俗宣传品，对中国人的观念和信仰，特别是对民间生活，产生过极广泛的影响。《三国志·张昭传》里有个故事，说是某日吴主孙权（182—252）问卫尉严畯说，还能记起小时候读过的书吗？严畯当即朗朗地背诵起《孝经》的“仲尼居”来。这种情况不是特例，《孝经》在古代初期教育阶段确实享有特殊地位。这是因为它既有经典的权威性，又在形式上比较浅显，比其他经典更适合于启蒙教育的需要。

一 《孝经》的创作

儒家十三经之中，《易》《诗》《书》本不称经，只是在流传过程中，逐步依习惯加上的。只有《孝经》从产生时起，就以“经”为自我定位。这说明，《孝经》作者有自觉地给社会生活提供理论指导的动机。班固（32—92）在《汉书·艺文志》中说：“夫孝，天之经，地之义，民之行也。举大者言，故曰《孝经》。”意思是说，“孝”是天地间的至道，是人立身的根本，所以将阐述“孝”的道理的书以“经”相称。后来皇侃（488—545）在《孝经义疏》中又说：“经者，常也，法也。……事亲常行，存世不灭，是其常也；为百代规模，人生所资，是其法也；言孝之为教，使可常而法之……孝为百行之本，故名曰《孝经》。”虽说法有所区别，但所要强调的，都不外乎是“孝”作为立身之本的地位，以及“经”作为行为依据的恒久属性。

关于《孝经》的作者，一般认为是孔子的弟子曾子的门人所作。这种说法最早由宋代理学家胡寅（1098—1156）提出，后来宋儒朱熹、清儒朱彝尊（1629—1709）等都表示赞成。他们认为

《孝经》的基本内容，系由曾子问孝于孔子，回来后向弟子转述其意，由弟子或再传弟子逐步分类整理，而最后编纂成书。这种说法不能说没有根据，因为孔门弟子中，曾子一系确以专注孝悌人伦而形成自己的特色。据《韩诗外传》上说，曾参起初为官，俸禄所得不多，但他却兴奋非常，因为有了这俸禄就可以赡养双亲了。后来，父母过世，曾子南游于楚，做了大官，所谓“堂高九尺，转尝百乘”，但想到尽管如此，父母却再也看不到了，因而常朝着故乡所在的北方哭泣。《孝经》形式上是借曾子与孔子的问答进行的，其主旨也与曾子形象符合，但因为没有曾子或其门人写作该书的直接证据，所以对于其作者，一直存在着争论，至今也没有能够完全统一。

关于《孝经》出现的年代，值得作为参考的两种材料，一是《吕氏春秋》之《察微》《孝行览》两篇曾引用《孝经》之《诸侯》《天子》中的文字，据此可肯定《孝经》系先秦时期的古籍；二是《孝经》中有些段落的文字，袭用了《左传》《孟子》《荀子》等书的相关部分，如此，则它的出现，应在《荀子》成书之后。这样，大概可以推定《孝经》系战国晚期，约公元前3世纪前期儒家的著作。

二 《孝经》的流传

关于儒家经典的研究，在汉代发生过今文与古文两种不同学派的争论。所谓今文，就是用汉代通用的隶书写成的经典。这些经典大都没有先秦的旧本，而经由战国以来儒家学者师徒间的讲授流传下来，到汉代才“著于竹帛”，形成文字形式。所谓古文，指用先秦时期通行的各种古文字写成的儒家经典。据说，由于秦始皇焚书，使社会上流传的“六经”多所湮灭，到汉代，才从民间逐步重新发现。这些从民间新发现的经典，是先秦时期的遗存，所以与汉时写定的经典之间存在着诸多差异。被儒家奉为经典的《诗》《书》《礼》《易》《春秋》等，都存在着今文和古文的区别。今文和古文之间存在着版本上的差别，再加上联系着不同的传授背景和治学方法，从而相互间产生了严重的对立，并与现实的政治斗争相交织。《孝经》的传授中，同样存在着今文和古文的这种对立。今文《孝经》十八章，刘向（约前77—前6）典校经籍时曾予以订正，又有郑众（？—83）、马融（79—166）等为之作了注。此后又有郑玄（127—200）为之注。古文《孝经》的来源，据《说文解字·叙》的介绍，是武帝末年鲁共王因为想扩大自己的居处，对孔子故宅进行拆除时，从夹壁中发现的。同时发现的，还有古文《尚书》《礼记》《春秋》等。古文《孝经》分为二十二章，西汉经学家孔安国（生卒年不详）曾为之作传，南朝梁时失传。到隋朝时，孔传本古文《孝经》又被重新发现，不过这个被重新发现的孔传曾长期遭到怀疑，所以文献学史上习惯称之为“伪孔传”。

唐开元年间，唐玄宗李隆基（685—762）组织时贤校定注释《孝经》，著名的史学家刘知几（661—721）主张以古文《孝经》作为根据，从多方面驳斥了今文《孝经》及其所谓“郑注”的悖谬，要求“行孔废郑”。另一著名学者司马贞（生卒年不详）则列举一系列理由，证明所谓孔传是后人的伪托之作，主张维持孔传与郑注并行于世的格局。争论的结果，虽是郑注与孔传同时并存，但实际上是郑注古文学派占了上风。后来，唐玄宗在孔传与郑注的基础上，参考其他各家的研究成果，作了所谓“御注”，并刻石颁行天下。五代时期，天下混乱，郑注与孔传都在战乱中亡佚了。不过《孝经》的今文与古文两个不同的版本系统及相应的学派仍然存在。

《孝经》的思想主旨，对于维护宗法社会的精神秩序，具有无可替代的积极作用，因此，在历史上一直受到重视。西汉最初置“五经博士”，汉文帝时，增列所谓“传记博士”，将《孝经》与《论语》《孟子》《尔雅》等一起作为“传记”纳入其中。武帝后，罢“传记博士”，但《孝经》《论语》仍然被规定为各级学校的必读书。为了表示对“孝”的重视，惠帝之后的汉代皇帝，一概在谥号中加“孝”字。东汉光武时期，虎贲士依例皆需诵习《孝经》；明帝年间，明令介胄之士温读《孝经》章句；对文士当然有更高要求，如东汉经学家荀爽（128—190）所说：“汉制使天下诵《孝经》，选吏举孝廉。”（《后汉书·荀爽传》）两晋时期，晋武帝（236—290）和晋惠帝（259—307）都曾让皇太子出面说讲《孝经》，晋元帝司马睿（276—322）并自撰《孝经传》，其辞云：“天经地义，圣人不加；原始要终，莫踰孝道。能使甘泉自涌，邻火不焚，地出黄金，天降神女，感通之至，良有可称。”意思是说，《孝经》体现了天地间的至理，就算是圣人，也很难再对它有所订正。为人处世的各种道理，说到最根本处，没有比孝道更重要的了。坚持孝悌伦理，就能造就良好的社会秩序，乃至造就不可能的神迹。晋穆帝

（343—361）、晋孝武帝（362—396）都曾会集群臣，共同商讨《孝经》的经义，二帝还亲自登坛讲解。南朝历代皇帝也都强调《孝经》的研究和学习。如梁武帝萧衍（464—549）除自己撰著《孝经义疏》外，还安排专门研究《孝经》的专家在昭明太子年方三岁时，给他开设有关《孝经》的课程。北朝当政者虽系少数民族，但同样认识到《孝经》稳定社会秩序的功能。北魏孝文帝元宏（467—499）曾命令将《孝经》译为本族语言，号《国语孝经》，以教国人。北周时，学者杨尚希（生卒年不详）曾以讲授《孝经》有功而被擢升为国子博士。

隋唐时期，天下一统，《孝经》经由官方体制的支持，获得进一步传布。李唐王朝统治者作为个人虽多推崇道教，但在政策上，对包括《孝经》的儒家经典并未轻忽。唐太宗李世民（599—649）诏令以《孝经》与《道德经》并为上经，贡举考试需要兼通。并解释说："行此，足以事父兄，为臣子矣。"（《旧唐书·高宗本纪》）唐玄宗则不仅亲为《孝经》作注，还晓谕天下百姓家藏此经，对子弟"精勤教习，学校之中，倍加传授，州县官长，申劝课焉"（《唐会要》卷七十五）。宋初，太宗赵光义（939—997）御书《孝经》赐臣子，称："千文无足取，若有资于教化者，莫《孝经》若也。"（《宋史·李至传》）真宗时，诏令经学家邢昺（932—1010）撰《孝经义疏》，邢疏和唐玄宗注一起，成为现在最流行的《孝经》注疏本。宋仁宗赵祯（1010—1063）组织编绘了《孝经图》，开创以图文结合方式宣传孝道的先河。在明代，《孝经》被定为各级各类学校必读的经典，明世宗朱厚熜（1507—1566）根据《孝经》记载的祭祀礼仪，改变合祀天地的旧制，建造了圜丘，分别祭祀天地。清朝时，先是康熙年间，刊刻了满汉合璧的《孝经》，后又有雍正皇帝胤禛（1678—1735）组织人将历代关于《孝经》的重要注解汇集起来，编定了《孝经集注》。乾隆帝弘历（1711—1799）与宫廷画家合作，由金绘图，乾隆写题记并书《孝经》文与之相配。至清朝后期，《孝经》还进一步被规定为科举考试的加试内容。

三 《孝经》的内容

现在流传的《孝经》，文字上划分为十八章，内容大体涉及下述三个方面：一是关于孝道的理论性阐述，包括第一、二、三、四、五、六等章；二是对孝道与政治关系的分析，包括第七、八、九、十一、十二、十三、十四、十六、十七等章；三是关于实行孝道的某些具体原则和礼仪，包括第十、十五、十八等章。

《孝经》坚持孔子以来儒家的基本价值立场，将“孝”定位为“德之本”，认为道德规范以孝的原则为基本根据，人文教化乃是对孝道的精神予以引申发挥的结果。孝的起点，是“身体发肤，受之父母，不敢毁伤”，也就是说，在最低的限度上，孝子有义务将父母赋予自己的肉体生命完好地保养维护。而就最高的程度说，孝子则应努力“立身行道，扬名于后世”，从而使父母获得荣耀。

《孝经》还提出，根据天子、诸侯、卿大夫、士、庶人等五种不同的等级身份，其孝亲的方式也应显出不同特点。就天子言之，其所谓孝，不仅要表现为爱敬父母双亲，而且要弘扬这种爱敬之心，使“德教加于百姓”，做天下的表率。诸侯的孝，则是要长守富贵，“保其社稷，而和其人民”，要做到这一点，就要处高位而不骄不泰，以战战兢兢、如临深渊、如履薄冰的谨慎态度把持自己的人生。卿大夫居处社会结构的中间位置，其上有国君乃至天子，其下有士子庶民，所以《孝经》作者强调，他们的孝行，应表现在谨守先王制定的包括服制在内的各种礼仪，不僭越，不威逼，所谓：“非先王之法服，不敢服；非先王之法言，不敢道；非先王之德行，不敢行。”“先王”指圣人，也就是礼法的制定者。孔子说过：“非礼勿视，非礼勿听，非礼勿言，非礼勿动。”（《论语·颜渊》）《孝经》对卿大夫的要求，与孔子的这段话意思是完全相同的。如果做到这样，则卿大夫就能“守其宗庙”，恪尽自己作为孝子的职责义务。士子之孝的特点，在于以敬爱乃父为起点，而能以同等的爱侍母，以同等的敬移之于君。用孝的精神对待君主，就形成了忠，以孝的精神对待兄长以及领导，就形成了顺。忠孝而顺，如此则能长保自己的禄位，而维持先祖的祭祀香烟。庶人百姓之孝，又有不同，主要表现为依顺四时的自然节律，春种秋收，夏长冬藏，勤勉用力而尽天地之利，节俭诚实以奉父母之需。自天子至于庶人，尊卑不同，形式各异，而在《孝经》作者看来，其内在贯穿的“理”却是统一的。不论站在什么位置上，不论居于什么身份，只要有心，每个人都能以适当的方式承负起自己的孝亲义务。

就孝道与政治的关系说，《孝经》赋予“孝”以与天地并列的崇高地位，所谓“天之经也，地之义也”，去除其神秘化的表述形式，意思无非是强调“孝”非人为的，而乃天地运化的自然结晶。为孝是人的自然而然的感情愿望，以“孝”为出发点的政教原则，实行起来非常省力，所以说“其教不肃而成”。以孝为教，则对自己父母的敬爱之情，就可以最终推广为对普天下之为父者的敬，对普天下之为兄者的敬，及对整个天下之君长的敬。以孝作为教化的出发点，结果就“忠可移于君”，“顺可移于长”，“治可移于官”，百姓耳濡目染了孝亲的精神，就会“天下和平，灾害不生，祸乱不作”。“孝”的精神根于人性的本然，而人性通于天道，所以，作为人群代表的天子倘能自觉顺应这种精神，就可以“通于神明，光于四海”，获得上天之护佑。

历代朝廷之所以肯花偌大的气力普及《孝经》，与《孝经》思想特点上对于统治阶层的自觉顺应是分不开的。如一方面用共同的人性解释孝行，另一方面，又根据不同等级身份规定孝的不同内容。论天子之孝，则说什么“一人有庆，兆民赖之”，这与其说是规范，不如说是伴随着敬畏的期盼。论诸侯之孝，则用所谓“长守富”“长守贵”做说辞。对身份较低的大夫、士与庶人，则充满着警诫、规范的语气，且落脚点最后都是在“忠”上，将事君尽职作为生命的最高依归。说到庶人之孝时，作者称“五孝不同，庶人但取畜养而已”，可见对局限于家庭范围的孝悌行为，评价并不高。

不管《孝经》具体作者和创作年代情况如何，有一点很清楚，就是在使孝悌伦理更好地适应政治统治者要求这一点上，它比前代儒者走得更远。《孝经》所说的“孝”，绝大多数情况下，已经脱离善事父母的本意，而同忠君联系起来了，这和“以孝治天下”的汉代政治现实存在相应关系。湖北郭店出土的竹简中有《鲁穆公问子思》一文，其中有这样的话："为父绝君，不为君绝父；为昆弟绝妻，不为妻绝昆弟；为宗族杀朋友，不为朋友杀宗族。"孟子说过："父子之间不责善，责善则离，离则不详莫大焉。"（《孟子·离娄上》）显然，子思明确将家族利益放在国家利益之上，将血缘亲情放在后天社会道义原则之上的立场，是继承了孟子的思想。这种立场在《孝经》中是看不到的，后者强调要将孝亲纳入以君主为核心的政治轨道中去。这种倾向随着君主集权的强化而日益走向极端。前文曾提到孙权问卫尉严畯记得不记得幼时所读之书，当时严畯背诵了《孝经》的"仲尼居"，但张昭马上责怪他不懂人臣之礼，并接着背诵了"君子之事上"一段。据《三国志·张昭传》记载，当时舆论都认为张昭（156—236）"知所诵"，也即张昭明事理，懂得选择与当时场合相适应的内容来背诵。这表明，在政治领域涉及《孝经》时，往往是把它作为忠君的根据。

就孝的具体礼仪说，《孝经》作者认为，面对父母的不同情况，应该有不同的感情表现，所谓："居则致其敬，养则致其乐，病则致其忧，丧则致其哀，祭则致其严"，即日常家居之时，应该表现出自己的恭敬之心，赡养侍奉之时，应该表现自己的欢悦和畅之心，父母患病之时，孝子应有忧闷愁苦之色，父母过世，孝子则应表现哀伤沉痛之思，而祭祀追怀先人之时，孝子应表现得肃穆庄重。满足这样的要求，才谈得上善事双亲。

在"孝"之与"顺"的关系上，《荀子·子道》曾假托孔子之口，表明了"从义不从父"的立场，《孝经》也是如此。第十五章《谏争》中有这样的记载，说曾子向孔子提问：请问儿子服从父亲的意志，像这样做是否就算是孝了？孔子回答道：这是什么话！如果天子手下有七个善于谏诤的臣属，那么，即使他本人天性无道，也不至于失去天下。如果诸侯有五个善于谏诤的臣属，那么即使他本人天性无道，也不至于失去自己的封国。大夫如果有三个善于谏诤的臣属，那么即使本人无道，也不至于身家不保。普通士子，如果身边有诤友劝谏，就不至于身败名裂。同样道理，做父亲的，如果有敢于提出不同意见的儿子，那么就容易避免错误。所以，做儿子的，面对父亲的不义之念、不义之举，有责任进行规劝乃至反对。这和《荀子·子道》中的一段对话基本相同。《论语》中曾记孔子之语："事父母几谏，见志不从，又敬不违，劳而不怨。"显得委婉柔顺。对照《孝经》："父有争子，则身不陷于不义。故当不义，则子不可以不争于父……从父之令，又焉得为孝乎？"后者的率直激切非常触目。清代学者如姚际恒（约 1647—1715）等曾以此为根据，推断《孝经》作者不可能是孔子本人。对三年之丧，《孝经》与《论语》相比，侧重点也不太一样。"三日而食，教民无以死伤生，毁不灭性，此圣人之政也。丧不过三年，示民有终也。"（《丧亲章》第十八）孔子肯定丧期三年的合理性，认为它是血缘亲情得到适当表现的结果，《孝经》则注意到三年之丧的另外意义，即它其实也是对人的自然感情的一种节制，所谓"孝子有终身之忧，圣人以三年为制者，使人知有终竟之限也"（唐玄宗《孝经注》）。

四 《孝经》的影响

权威性地位加上通俗性的表述形式，决定了《孝经》在传统社会生活中的巨大影响。这种影响既表现在精英或者说知识分子领域，也表现在普通百姓的生活中。

就社会精英的学术思想活动来说，自《吕氏春秋》最早引述《孝经》中的话作为说理的依据之后，学者们在自己著述中借用《孝经》中观点或语言的情况就非常多。如司马迁在《史记·太史公自序》中说："且夫孝始于事亲，中于事君，终于立身。扬名于后世，以显父母，此孝之大者。"强调侍奉双亲能算是孝行的起点，孝亲与忠君是一致的，孝亲之心，应进一步提升为爱国之举，其最高境界，则是建功立业，留名后世，使父母得到荣耀。对比一下，会发现，这完全是《孝经》的观点。司马迁之后的著名学者，如班固在《白虎通》中，应劭在《风俗通》中，刘向在《说苑》之中，蔡邕（132—192）在《明堂论》中，桓宽（生卒年不详）在《盐铁论》中，陆贾（生卒年不详）在《新语》中，徐幹（171—218）在《中论》中，王通（584—617）在《中说》中，对《孝经》都有引述。很多时候，争论的双方，尽管立场迥异，但都借用《孝经》作为证据。齐梁时的无神论者范缜（约450—510）写《神灭论》后，反对他的人从《孝经》中找根据，说："《经》云：'为之宗庙，以鬼享之。'"以此证明人死而神不灭。范缜虽不同意，却不敢对《孝经》有什么微词，只辩解说，圣人这是从实际教化效果角度考虑的，是为了安慰孝子的伤痛心理，同时也是为了警慑天性浇薄之徒。

就对百姓实际生活的影响来说，翻阅历史文献，能够找到大量的有关例据。《后汉书·仇览传》注中曾引过这样一个故事，说是某人凶恶不孝，他的母亲不堪忍受，到仇览（生卒年不详）这儿来诉说儿子的忤逆。仇览将儿子喊过来，以为人子者所应承负的责任义务教育他，并赠《孝经》一册，让他回去后认真诵习。儿子终于深自痛悔，到母亲床前跪地谢罪，并自此精修孝道，最后成为名佳一方的贤德之士。《孝经》的这种教化效果常被夸张。如《孝经集灵》中记有一个叫王渐的人物，致力于研究《孝经》，写了本叫《孝经义》的书，每遇乡里人家发生纠纷嫌隙，王渐就到发生纠纷的人家门口，高声诵念《孝经义》，结果总能使当事人惭愧无地，痛加改过。更神奇的是，据说东汉末期张角起义时，有个叫向栩的人，建议说不必出兵用武力镇压，只要派人到起义军阵前，大声宣读《孝经》，使其人精神上受到感化，则自然会不攻自溃。这样的说法尽管为通达明理之士所不屑，其在民间的存在及在部分民众中的接受程度，也从一个侧面表明了孝道信仰在传统社会生活中的巨大力量。

古代，《孝经》不仅在中国社会发挥了广泛影响，还流传到朝鲜、日本、越南等亚洲其他地区，对当地人们的价值观产生了影响。早在汉武帝时期，《孝经》就传到了朝鲜。10世纪时，高丽国王曾遣使向当时的后周政权进献《越王孝经新义》等，表明在《孝经》传入该国后，逐渐融为当地人们精神世界的一部分。事实上，直到今天，孝悌伦理在韩国社会中，仍占据着重要地位。《孝经》传入日本，可能在公元6世纪前后。7世纪初期，圣德太子制定宪法，吸收了《孝经》“民用和睦，上下无怨”等思想。8世纪初，约中国的唐中宗时期，日本颁布《大宝律令》于天下，其中规定，学生治一经或二经者，必同时兼通《孝经》与《论语》，不通者，以不合格论。8世纪中叶，孝谦天皇时，诏告天下说："古者治民安国，必以孝理，百行之本，莫先于兹，宣令天下，家藏《孝经》一本，精勤诵习，倍加教授。"相对来说，在日本人的伦理观念中，"忠"的表现似乎更突出，但综合考察，会发现这种"忠"同发端于血缘伦理的"孝"存在着密切关联。20世纪70年代日本经济腾飞后，有的学者注意研究日本企业的管理模式，发现与欧美企业的科学性管理构成鲜明对比的，是日本企业内部所吸收的家族伦理成分。

中国近代受西方民主思想的影响，同时相应于宗法家族制度的现实解体，不少学者对《孝经》都采取严厉的批评姿态，但也仍然有人坚持认为，无论世界上发生什么样的变化，父子人伦都是应当坚持不变的。如称："欧风东渐，父子寡恩。彼其言曰，破家族主义而后社会成立，呜呼！……《孝经说》上、中、下三篇……本先圣以黜墨氏，而于近代之非孝无亲，尤为深恶而痛绝。……少明古圣贤垂教之旨，庶邪说暴行，或少戢其风。"①而且持这种看法的人中，不乏熟谙世情的明通贤达之士。20世纪50—70年代，就中国大陆地区言之，无论作为生活的指导，或是学术研究的对象，《孝经》都被从人们的视野中排除了出去，但在其他华人聚居地区，《孝经》仍然继续得到传播。如中国台湾"商务印书馆"于70年代推出的《孝经今注今译》一书中称：

① 区大典：《陈伯陶〈孝经说〉后叙》，香港奇雅堂，1916年版。

“孝道是中国固有文化的精华，而《孝经》是阐发此种精华的典籍。”中国大陆在改革开放后，对《孝经》这部儒家经典的态度也从根本否定转变为具体分析研究。总之，围绕这部书的是是非非，或者难以统一，但其影响力却是应该正视的。

五 围绕《孝经》的其他著作

《孝经》在流传过程中，围绕它的阐释和考证，产生了大量相关性的著作。这些著作分作两类，一类是对《孝经》本文的校注、考证、勘误等，另一类是受《孝经》主旨的启发，重新创作的其他宣扬孝道的著作。按《隋志》的说法，单是从魏晋到唐初，传注解说《孝经》的，就不下五十余家，不过这些传注解说现在基本上都失传了，只有个别片言只语还保存在其他书中。盛唐时，玄宗替《孝经》作御注，其后有元行冲（653—729）作疏，至宋复有邢昺（932—1010）在元疏的基础上作正义，这就是现在流行的《孝经注疏》。其他研究成果也很多，影响较大的如北宋的《古文孝经指解》、南宋朱熹的《孝经刊误》、明代朱鸿的《古文孝经直解》等。

在《孝经》的启发影响下，许多作者还自己创作劝孝类著作，或说是宣传品。这些著作普遍具有两个特点，一是将《孝经》的主旨用更加形象的方式加以表达，二是将《孝经》的观念予以极端化。在这些著作中，流行最广、影响最大的，可能要算是《前后孝行录》了。《孝行录》又称《二十四孝图》，有前后两个不同版本，一是元代编辑的，另一是清代编辑的，合在一起称《前后孝行录》。

汉代以后，随着儒家思想独尊地位的确立及三纲五常观念的深入人心，社会上出现了大量以表彰孝行为内容的孝子传说故事。这些故事的主人公，有些是历史人物，也有些是现实生活中的典型，它们逐渐被汇集编纂成册，成为版本多样的《孝子传》《孝子图》之类的图书。《二十四孝图》就是在这些书的基础上编成的，因为采取图文对照的方式，流传面极广。《二十四孝图》中的故事，人物情境都和今天有极大的差异，但某些富人情味的优秀之作，具有超越时代的魅力，如“受杖感衰”。说是某人性至孝而顺，即使犯了很小的过失，如果惹得母亲生气，也会递过拐杖，请母亲杖责自己，打得多么厉害也不哭。有一次，又因过失，其母用拐杖打他，他却流下眼泪。母亲感到奇怪，问他为什么过去从来不哭，今天却流了眼泪，他回答说是：过去母亲每次打我，都感到很痛；现在却发现母亲打得不痛了，说明母亲身体不如从前了，所以感到难过，不觉流下泪来。但也有很多故事，和荒诞不经的迷信观念缠绕在一起，还有一些，所宣传的孝道观念已经极度扭曲，如“为母埋儿”。说是汉代郭巨，字文举，家中贫苦，有个儿子才刚三岁。母亲疼爱小孙孙，吃饭时总是故意少吃让给孩子。郭巨看在眼里，对妻子说，家里穷，不能很好地侍奉老人，儿子又总是要从母亲口中分食，干脆将这孩子埋掉罢了。儿子可以再生，而母亲却失而不可得。妻子不敢违抗，郭巨于是挖了个深达三尺多的土坑，却在坑底见到一大块黄金，上面刻着字：天赐黄金，郭巨孝子，官不得夺，民不得取。人就其为动物性的自然生命言之，总是首先表现出爱后代的自然本能，相形之下，对前代的爱则要弱得多。这也是符合自然进化规律的。所以有人说，爱子女是本能，孝父母则属于文化。但该故事着意通过特定情境下孝父母与爱子女的矛盾，宣传极其片面的孝观念，其结果只能是走火入魔的伪善。鲁迅在著名的《我们怎样做父亲》中，曾对“为母埋儿”代表的传统孝悌思想进行过尖锐的抨击。

除《二十四孝图》外，流传较广的劝孝书还有《文昌帝君孝经》《劝孝格言》，等等。

孝与家庭结构

孝悌伦理与家族制度密切相关。孝观念的形成，就是父系氏族制度发展的结果。这种有着强烈价值指向性的意识观念形成后，又反过来对以父家长为核心的氏族，及由此演变形成的家族制度，发挥有力的维系作用。家不仅提供人们物质性的生活保障和感情性的心灵寄托，而且也是社会对个人进行文化模塑的最重要中介。和公共性的学校相比，人们接受家庭（族）教育的时间不仅更早，而且也更长。不同的家庭成长背景，对个体社会成员性格心理世界的影响，是无论怎么估计都不为过的。

一　父慈子孝

当代社会学家费孝通（1910—2005）在《乡土中国》中谈到，家庭在西洋是界限分明的团体，而在中国则比较含糊。英美人观念中的家，就是明确地包括妻子及未成年的孩子，而中国人的家的内涵伸缩之大，令人咋舌。“家里的”，可以单指太太，

“家门”可以包括伯叔子侄一大批，“自家人”则更是能够涵盖所有需要表示亲热的人。而就最基本含义言之，家起码可以在家庭和家族两个层面上使用。家庭的范围较小，就是父母与其未婚的子女或已婚的子媳及孙儿女；父母去世后，则已婚兄弟通常要分别组织自己的家庭，经营自己的生活。家族也称宗族，成员是拥有共同祖先的男性后裔，不过因为血缘关系比较远，而分裂为不同的家庭，这些以家庭为单位生活的成员以血缘关系为纽带，按某规范聚居组织起来，就是家族。

父子关系始终是家庭关系的轴心，父亲是现实的家长，儿子则是未来的家长，父亲到儿子的传递，就是家族的历史。传统伦理要求父子关系的，是父慈子孝。慈作为父的责任，包含着爱和教两个相辅相成的侧面。父之爱子，乃基于人的天性，这种天性不论在什么时代、什么文化圈的人身上，都会有所体现。古代有个“孺子牛”的故事，说是春秋时的齐景公非常爱他的儿子荼，为了哄荼高兴，他竟口衔着绳，在地上装牛，让荼牵着戏耍，结果因为不小心竟将牙齿扯断了。景公临终时，遗命立荼为国君，可事后大臣陈僖子却提出要立公子阳生为君，另一个大臣鲍牧于是说：“女忘君之为孺子牛而折其齿乎！”后来鲁迅依此典故写下了“横眉冷对千夫指，俯首甘为孺子牛”的名句。“孺子牛”形象所传达的拳拳爱心，广为人知。事实上，鲁迅自己作为父亲的爱心柔肠，同样令人感慨。如他在 1932 年所吟《答客诮》诗中所述：“无情未必真豪杰，怜子如何不丈夫？知否兴风狂啸者，回眸时看小於菟。”连山中威慑百兽的猛虎，也会忍不住时时回头看顾自己的虎崽，何况人呢。不过，由于传统家庭观念中对父母角色认同的差异，父慈在人们的习惯心理中，更多的是通向“教”的，至于直接形式的“爱”，一般由站在父亲形象旁边，作为父亲补充与辅助的母亲来承担。《韩诗外传》描述这种爱心时说：“夫为人父者，必怀慈仁之爱，以蓄养其子。抚循饮食，以全其身。及其有识也，必严居正言，以先导之。及其束发也，授明师以成其技。十九见志，请宾冠之，足以成其德。血脉澄静，娉内以定之，信承亲授，无有所疑。冠子不詈，髦子不笞，听其微谏，无令忧之。此为人父之道也。”父亲对儿子的爱，其特点在于能根据不同阶段的成长规律，有针对性地负起责任，引导子女一步步成才。所以《三字经》中说：“养不教，父之过。”父亲的责任偏重于“教”，而将“爱”分给了母亲，所以，逐渐形成所谓严父慈母的心理定式。

传统观念不否定父爱，却对过分细腻的父爱表达方式采取蔑视态度。齐景公之为“孺子牛”的故事，就是被作为反面教材流传的。《三国演义》中也有类似情节。大战在即，袁绍（？—202）却因为最疼爱的幼子病情严重，没有心思处理公务，从而贻误了战机，招致败绩。小说创作这个情节的目的，是要表现袁绍性格的优柔寡断，不能堪当大任。按那个时代常规的想法，一个孩子，只是一个孩子而已，特别是对袁绍这种统帅万马千军的大人物来说，心思应放在争夺天下、战胜对手上，将对孩子的爱心放到如此重要的位置上，只能说明他没有出息。这样的评价标准放在现代社会，不可能没有异议。1999 年岁初，曾见报载澳洲某政府高官，为要多陪伴患病在家的幼儿，辞去了内阁中的职务，其行为获得了社会舆论的普遍好评。

在父子关系中，传统伦理更侧重的是子孝一面。南北朝时，梁武帝作《孝思赋》，劝导人子行孝。赋中有谓："灵蛇衔珠以酬德，慈乌反哺以报亲。在虫鸟其犹尔，况三才之令人。""灵蛇衔珠"的故事，载于东晋干宝（生卒年不详）之《搜神记》中。说的是隋县榹水河畔有一小丘岗，某日隋侯出行，遇大蛇被拦腰砍断，怀疑不是普通的蛇，于是叫人用药包扎完好，蛇这才能够重新行走，此地因之得名断蛇丘。一年多后，蛇衔明珠一颗来报，大小径寸，色莹洁纯白，夜放光明，如月之照，可以烛室，人谓"隋侯珠"。乌鸟即乌鸦，民间传说它能反哺其母，故称"孝鸟"。蛇在人们印象中是冷酷丑陋的，可是它在经过修炼后，也懂得报恩。乌鸦的形象也不像其他鸟类那样引人赞美，可是它竟也知道反哺以慰母亲的辛劳。白居易有诗《慈乌夜啼》，即以乌之反哺为主题："慈乌失其母，哑哑吐哀音。昼夜不飞去，经年守故林。夜夜夜半啼，闻者为沾襟。声中如告诉，未尽反哺心。百鸟岂无母，尔独哀怨深。应是母慈重，使尔悲不任。昔有吴起者，母殁丧不临。嗟哉斯徒辈，其心不如禽。慈乌复慈乌，鸟中之曾参。"相形之下，作为万物之灵的人，如果不尽孝，岂非禽兽不如了吗？

父子关系中，偏重于对子之孝的强调，有多层次的文化原因。有人将中国人的思维方式概括为实用理性，换个角度，也可以称之为经验理性。这种思维方式一方面表现为冷静地把握对象世界的态度；另一方面，它的思维基础又局限于具体的经验积累，因而远离甚至排斥逻辑分析。表现在日常生活领域，就是对具体生活经验的重视，以及对富于生活经验者的重视。这就从实际需要的层面决定了老年人在中国传统社会较之年轻人有更重要的地位。与老年人伴随的经验之所以有效，和自然经济条件下社会变化的缓慢及农耕文化造成的中国人的安土重迁有关；另一个很重要的方面，是与中国文化对于生命价值的极端肯认有关。与基督教、佛教、伊斯兰教等其他文化对照，中国传统价值观对此在世界的执着非常突出，而与现实肉体生命断裂的彼岸世界、极乐王国等观念，对中国人吸引力不大。贬低肉体现实的佛教传到中国后，只有被改造为审美化的禅宗，才产生了深层影响。中国式的道教，与其说是要追求彼岸的理想世界，不如说是要延长此世的享乐。羽化登仙，长生不老，都是在保留肉体生命的前提下，获得通常现实中无法获得的幸福。所以道教的目标，和宗教观念中的彼岸世界，有着很大不同。很多学者认为中国文化中缺乏严格意义上的宗教精神，原因大概也在这里。对现实生命价值的正面性非常强调，对其负面价值剖析不多，从而才能理解中国人对于生命的极端珍惜。

古希腊哲学家柏拉图（前427—前347）将人的肉体比作灵魂的囚笼，人在这种现实状态中，只能产生模糊片面的“意见”，只有摆脱囚笼的拘束重新回到纯粹理念状态，才能获得真正的“知”。俄国作家陀思妥耶夫斯基（1821—1881）将个体的在世意义，看作就是承受各式各样的肉体的磨难和精神的炼狱。存在主义将个体在世所不得不面对的一系列生存选择，说成是不可摆脱的重负。诸如此类的观念，在中国文化中都无异于天方夜谭。在西方近现代社会，随着个性解放思潮的推进，在父母与子女关系中，强调父母对子女的义务的倾向变得更加鲜明。20世纪90

年代初，据说在瑞典发生了一件子女诉父母的索赔案。案情是：某中学生天生资智较低，导致在集体生活和学习过程中，虽很努力，却往往落在其他同伴之后，因此感到深深的心理压抑。最后他决定向法院提起诉讼，认为其父母既然决定生他，就有义务将其生得起码与其他孩子一样聪明、健壮，现在，由于父母的责任，他的先天素质低于一般孩子，即使付出额外的努力，也无法在自己的生存活动中弥补父母失职造成的损失，所以父母应对其这方面的额外付出和损失给予补偿。这是极端的个例，但其代表的思维逻辑，却典型地体现了西方，特别是近现代文化精神与中国传统文化精神在生命伦理观上的歧异。

“父慈子孝”的要求本是相互性的，《颜氏家训·治家》说：“夫风化者，自上而行于下者也，自先而施于后者也。是以父不慈则子不孝……”刘宋颜延之（384—456）的《庭诰》中也说：“欲求子孝必先慈，将责弟悌务念为友。”基于父子伦理的相互性，执法者对存在于父亲方面的失当，有时亦能采取适当措施予以纠正。《名公书判清明集》是一部搜集大量古代判例的书，其中载南宋时期一案例：已故知州的孙子沦落穷困，把儿子卖给农民种田，儿子自己逃回来了，结果又被父亲第二次转卖，三年后农民知晓此事，乃提起诉讼。执法者以为，父之所以生子者，为其生能养己，死能葬己也。但子女生养死葬的先决条件是父母抚养子女成人：“父子，人伦之大，父老而子不能事，则其罪在子。子幼而父不能养，则其责在父。”[①]故此，父亲虽有

① 《名公书判清明集》，第 277 页，中华书局，1987 年排印本。

祖荫可以抵罪，执法者还是额外判他杖责二十，儿子则交族长收养。这种父子人伦在养父子之间同样成立。该书记载的另一案例是，某义父对义子平日很少关顾，义子病时，更送至他人家中，执法者怀疑义父想要撒手不管，但又怕强行送回只会使儿子死得更快，所以判令义子继续在他人家中养息，待病愈后由义父领回并给付膳费支出。

但中国人普遍认为，在与父母的关系中，子女无论如何都属于受惠方，因为单是赋予生命这一点，已是难以尽报的恩惠。至于父母生子女是单方面决定的，没有征求子女的意见，没有据此要求子女回报的理由之类，根本上超出了传统思维方式的阈限，只能被视作蛊惑人心的奇谈怪论。东汉末，有个叫路粹的人揭发名士孔融，说他鼓吹这样的论调："父之于子当有何亲？论其本意，实为情欲发耳。子之于母亦复奚为？譬如寄物瓶中，出则离矣。"（《后汉书·孔融传》）意思是父亲对儿子谈不上什么恩情，究其本意，不过是一时情欲冲动罢了。儿子对于母亲也谈不上有什么特殊关联，不过是像一个东西曾经放在瓶子里，一旦拿出来，也就分开了。曹操因此就杀了孔融。孔融本是以孝悌之德闻称于世的人物，曹操敢以此作为借口杀他，可见这种言论在当时人心目中的荒谬程度。强调父子关系相互性的声音，历来不占主流，加上父权的实际控制能力，"父慈"很难落实为责任性要求，对此只能是无条件地相信，所谓"天下无不是的父母"。司法实践中，父母呈控子孙忤逆不孝的，都不要求呈控人提供证据，如《清律例》规定："父母控子，即照所控办理，不必审讯。"子女在父母面前只能是绝对的服从，有顺无违，父子间重要的是伦常，不是是非。“在父母责骂时而和父母分辩讲理，甚至顶撞不服，在孝的伦理下，实是不可想象的事。父母将儿子告到官里，官府怀疑父母所陈述的理由是否充足，或是追问子女究竟是否忤逆不孝，也是不可想象的事。如果法官追问谁是谁非，便等于承认父母的不是，而否认父权的绝对性了。‘是非’，毋宁说是系于身份的。我错是因为我是他的儿女。他的话和行为是对的，因为他是我的父亲。”①父权绝对性的根据，一则父亲是子女生命的给予者，也就是所有者，当然有任意处置之权，所以说“父叫子亡，子不得不亡”；二则虎毒不食儿，人的自然本能足以保证父亲不会无故侵害子女，所以除涉及政治斗争之外，历史上真正的杀子事件是很罕见的。

为强调传统伦理在父子间责任义务关系中的这种倾斜，传统教育塑造了大量的孝子典型，构成了中国历史人物画廊中的特殊系列。三国时文学家曹植（192—232）曾写有《灵芝篇》，歌颂这些孝子的典型：

灵芝生天地，朱草被洛滨。
荣华相晃耀，光采晔若神。
古时有虞舜，父母顽且嚚。
尽孝于田垄，烝烝不违仁。
伯瑜年七十，彩衣以娱亲。
慈母笞不痛，歔欷涕沾巾。

---

① 瞿同祖：《中国法律与中国社会》，第15页，中华书局，1981年版。

丁兰少失母，自伤早孤茕。
刻木当严亲，朝夕致三牲。
暴子见陵悔，犯罪以亡形。
丈人为泣血，免戾全其名。
董永遭家贫，父老财无遗。
举假以供养，佣作致甘肥。
责家填门至，不知何用归。
天灵感至德，神女为秉机。
岁月不安居，鸣呼我皇考！
生我既已晚，弃我何其早！
《蓼莪》谁所兴？念之令人老。
退咏南风诗，洒泪满袆抱。
乱曰：
圣皇君四海，德教朝夕宣。
万国咸礼让，百姓家肃虔。
庠序不失仪，孝悌处中田。
户有曾闵子，比屋皆仁贤。
髫龀无夭齿，黄发尽其年。
陛下三万岁，慈母亦复然。

虞舜与其父母的故事，前文曾介绍过。伯瑜，楚地人，姓韩，俗称老莱子，他的故事《二十四孝图》中有收录，说是自己虽年已七十，但侍奉双亲不以为苦，反而以为人生至乐，在父母面前从不称老。有时故意穿上五彩斑斓的衣服，在父母面前做婴儿戏舞状，又有时端着水进屋，故意装作跌倒在地的样子，假装小孩的样子号啕大哭，以此逗父母高兴。“慈母笞不痛”的出典，前文也已说过。丁兰是后汉时人，幼丧父母，长成人后，见别人都有双亲可以尽心侍奉，自己独无，非常感伤，于是求人以木刻父母之像，敬顺如生之时。所谓“致三牲”，就是早晚以猪牛羊致祭的意思。《二十四孝图》叙述此事时，为增加灵异色彩，还说兰之妻慢慢地对此木像不以为然，故意用锥子刺其手指，结果竟流出血来，木像见到丁兰，眼中垂泪，丁兰细询乃知其故，于是将此不孝之妻休弃之，云云。后来丁兰因不堪暴徒欺辱，一时怒起而杀人，被捕时向木像告别，木像眼中落下泪来，郡县知此事，为丁兰孝心所感，乃免其罪，所以说“丈人为泣血，免戾全其名”。董永是后汉山东千乘地方的人，幼年丧母，与父一起逃避兵乱，途中父亲病死，他无以为殓，乃借钱葬父，然后替人作佣工还贷。债主逼上门来，结果董永的孝心感动了天灵，天神派神女来帮助他织布还债。《二十四孝图》上叙此事云：“董永家贫，父死，卖身贷钱而葬。及去偿工，路遇一妇，求为永妻，俱至主家。令织缣三百匹乃回，一月完成。归至槐荫会所，遂辞而去。”这个故事后来在民间流传过程中，多有演绎。著名的黄梅戏曲目《天仙配》亦源自于此。诗人遍述古孝子之德，乃是为了借以申述自己的孝思，所以后边接着感叹父亲魏武帝曹操，生下自己时已是中年，而又早早病殁，以致没有机会充分表达自己为人子者对养育之德的感激。诗的结尾部分乃是传统社会颂诗的通行格式，将孝思与忠心结合，将血缘亲情的孝拔高到政治性的忠的高度，所谓“陛下三万岁，慈母亦复然”，以此赢得主上的欢心。

诸如此类的孝子画廊，事实上可以无限地排列下去。这种现象与其说表明的是一种特定的历史现实，不如说显示了一种强烈的价值导向。不论这些孝子典型来自自然的真实，还是出于人为的加工，他们被整合为相互关联的系统，并得到广泛传播，都只能是自觉的意识形态导向的结果。

二　兄友弟恭

与父子关系密切联系并构成父子关系补充的，是兄弟关系。颜之推（531—约 597）曾论兄弟关系在家族伦理系统中的地位说："夫有人民而后有夫妇，有夫妇而后有父子，有父子而后有兄弟：一家之亲，此三而已矣。自兹以往，至于九族，皆本于三亲焉，故于人伦为重者也，不可不笃。"父子形成了家族伦理的纵向组合，而兄弟关系则代表着这种伦理系统的横向联结。父母教育子女的一项很重要的内容，就是希望他们团结友爱。颜之推谈到兄弟关系的特点时说："兄弟者，分形连气之人也，方其幼也，父母左提右挈，前襟后裾，食则同案，衣则传服，学则连业，游则共方，虽有悖乱之人，不能不相爱也。及其壮也，各妻其妻，各子其子，虽有笃厚之人，不能不少衰也。"就是说，兄弟同胞，是血浓于水的骨肉之亲，幼年之时，父母左牵右抱，吃饭在一起，物品接替着用，无论学习还是游玩都如影随形，在这个时候，即使是天性凉薄之人，相互间也会产生亲密感。但长大后，每个人都有了自己的小家庭，有了自己的妻室儿女，这时即使是天性笃厚的人，也会慢慢地将兄弟的情谊淡下来。认识到兄弟关系的这种发展规律，所以人们格外重视强调兄弟团结的重要性，以期克服由于结婚生子造成的消极影响。这也是中国的大家庭中，对夫妻间的爱情比较漠视的重要原因。《资治通鉴》记载着一则吐谷浑部落的首领阿柴临终之际启发儿子们加强团结的故事。说是阿柴让几个儿子各自献上一支箭来，取出其中一支交给弟弟慕利延，让他折断这根箭。慕利延照着做了。阿柴又取出剩下的许多箭来交给慕利延，让把它们一起折断，结果慕利延费了半天劲却做不到。于是阿柴叮嘱他们说："汝曹知之乎？孤则易折，众则难摧。汝曹当戮力一心，然后可以保国宁家。"言终而卒。后来这个故事被广泛地用于强调兄弟同心的意义。

古人认为，兄弟之间能否和睦，关键在于能否"让"，所以"让"和"悌"联系在一起被当作很宝贵的道德品格加以渲染。能行"让"之礼的典型，最早当推殷商时的小国孤竹国国君的两个儿子，即伯夷和叔齐。据《史记·伯夷列传》的说法，起初，父亲想立弟弟叔齐为国君，可是父亲死后，叔齐却要求把国君之位让给哥哥伯夷，伯夷不愿意接受，说是不可违背父亲的意思，为此只身出走了。哥哥逃走了，弟弟仍坚持不做国君，于是也逃走了。哥俩一起逃到了周朝，遇上了周武讨伐商王纣的军队。兄弟俩叩马而谏，武王却不为所动。后来武王推翻了殷商的统治，整个天下的诸侯都从原来的宗奉商王转而宗奉周天子了。伯夷、叔齐因为自己的国家本来是宗奉商王的，不愿意转而做周的臣民，所谓耻食周粟，因此隐居在首阳山，靠采薇度日，最后饿死。过去的人对伯夷、叔齐的道德品格评价很高，着眼的主要不是他们反对武王伐纣的具体行为，而是他们忠实于自己固有的理念的那份执着，同时，他们兄弟间相互推让国君宝座的行为，对于现实中为了利益分割经常闹得相互仇恨的兄弟，也是非常好的教育素材。

实际生活中也有相反的情况，如三国时著名的曹丕（187—226）、曹植兄弟。据《三国志》记载，曹植自幼聪明伶俐，有诗才，年十岁余，诵读诗论及辞赋数十万言，善属文，深得父亲魏王曹操（155—220）的喜爱，有意将江山相传。但后来，由于任性自行，饮酒不节，以致在权位争夺过程中输给善于矫情自饰的哥哥曹丕。曹操去世后，曹植固然是怀抱不得舒展，深自抑郁，继了帝位的曹丕也仍然是时时猜忌，对这个生性聪颖的弟弟放心不下，常利用各种借口为难他。有次群臣聚饮，曹丕对曹植说：父王在时，你常以诗文夸耀于人，恃才蔑视礼法，有人怀疑你是请他人代笔的，现在命你在七步内作诗，如不能成，则行大法。曹植请曹丕出题，曹丕说就以“兄弟”为题，但诗中不许犯“兄弟”二字。曹植于是就眼前景物，于七步内口吟五言诗一首：“煮豆燃豆萁，漉豉以为汁。萁在釜下燃，豆在釜中泣。本是同根生，相煎何太急。”文帝闻之面有惭色。后来，人们就经常用萁豆相煎这个词，来表示兄弟阋于墙的悲剧。

南北朝时文学家颜之推阐述兄弟不和的坏影响时说，兄弟间不和睦，则子侄间也就难以产生亲密感；子侄间不亲密，族中众人就会相互疏远；而族众疏远，小孩子间的纷争就会容易引发各种事端，而这些事端将最终导致家族组织的分崩离析。所以，兄弟间即使在长大成人、各自立业之后，仍应时时顾念同胞的情义："二亲既殁，兄弟相顾，当如形之与影，声之与响，爱先人之遗体，惜己身之分气，非兄弟何念哉？兄弟之际，异于他人，望深则易怨，地亲则易弭。譬犹居室，一穴则塞之，一隙则涂之，则无颓毁之虑；如雀鼠之不恤，风雨之不防，壁陷楹沦，无可救矣。仆妾之为雀鼠，妻子之为风雨，甚哉！"（《颜氏家训》卷第一《兄弟》）要避免兄弟间情义的淡漠，很重要的，一是不要对对方责望太深，二是要注意不受自己身边近侍之人的影响，就对兄弟情分影响最大的因素来说，应属夫妻感情。妯娌之间，并无血缘关联，其相居共处，主要靠外在的礼义规范维持。如此其情感上的疏薄，是非常自然的事，所以颜之推说："娣姒者，多争之地也。"（《颜氏家训》卷第一《兄弟》）要说兄弟情分像一座房屋，则夫妻间的亲密就如同风雨对房屋起着侵蚀的作用。兄弟双方都要随时注意，不让随时可能发生的侵蚀扩散开来。颜氏的观点，典型地反映了传统家族内部，以血缘关联为轴心，而将男女性爱边缘化的倾向。男女婚姻结合，在这种伦理体系中的意义，仅仅在于繁衍后代，使家族得以延续，至于因之而生的夫妻情爱，纯粹是私人性的，甚至是和代表着家乃至国的公义对立的。所以自古英雄好汉，在夫妻情与兄弟情之间都应是把后者当作立足点。这也就是刘备所说的，老婆如衣衫，兄弟如膀膊，衣衫破了可以再做，膀膊断了则不能再接。也有例外的，将夫妻间的私人性感情放在兄弟乃至父子的血缘性关联之上，这样的人就被视作昏聩之人。平民中如舜的父亲瞽瞍，帝王中像宠信妲己而杀害叔父比干的商纣，等等。

同样是"争"，也有让人格外感动的。如《颜氏家训·兄弟》记载，江陵地方有王玄绍、王孝英、王子敏兄弟三人，亲情相依，每每相聚，皆不胜餍足，有了新异美味，一定等聚齐了才共同享用，连所穿的衣服样式都相同。哥哥觉得自己是老大，有责任把弟弟们带好，吃苦的事应抢在前边，而弟弟觉得玄绍是自己的哥哥，年龄比自己大，所以格外尊敬。三兄弟你敬我爱，周围人都说他们懂得礼义。梁元帝承圣三年（554）九月，西魏兵犯江陵，江陵百姓被迫逃往他处以避开战乱，玄绍三兄弟也和其他百姓一同逃难。但由于玄绍个子大，招人耳目，所以途中被魏兵抓住，并要把他杀死。两个弟弟见哥哥遇到危险，就紧紧抱住哥哥，要求替哥哥去死。尽管两个弟弟苦苦哀求，魏兵还是没有放过他们，最后三兄弟一起遇害。像这样争相赴死的“争”，应该说是将传统兄弟伦理的“让”的精神做了最高限度的发挥。与此相似的是邓攸弃子留侄之举：“邓攸字伯道，为河东太守。永嘉末，没于石勒；勒过泗水，攸乃以牛马负妻、子而逃。遇贼，掠其牛马，步走担其儿及其弟之子，缓兵不能两全；乃谓其妻曰：‘吾弟早亡，惟有一息，理不可绝，止应自弃我儿耳。’妻泣而从之，乃弃子而去。”（《晋书·邓攸传》）邓攸特定情境下的弃子之举，确实反映了他珍重兄弟情义的美德，但“子”与“侄”同为无辜者，弃子与自我牺牲性质是不同的。有些旧戏曲将此情节进一步渲染，说成邓伯道将儿子舍弃后，更将其绑在桑树之上，就未免令人反感。鲁迅先生就此议论说：“邓伯道弃子救侄，想来也不过‘弃’而已矣，昏妄人也必须说他将儿子捆在树上，使他追不上来才肯歇手。正如将‘肉麻当作有趣’一般，以不情为伦纪，诬蔑了古人，教坏了后人。”（《朝花夕拾·二十四孝图》）。也是从这样的角度，鲁迅对“老莱娱亲”等传统的孝子故事，都在现代立场上做过批评。

因“让”而留下美名的历史人物，实在不少。突出的如“建安七子”之一的孔融（153—208）。《三字经》就将他编了进去，说是四岁时，已经懂得兄弟相让之礼。有一次，别人给家中送来一筐梨，其他孩子都争着去拿大的，只有孔融走在最后，挑了最小的梨子。父母看见后感到不解，就问他为什么。他回答说是自己年龄小，个儿也小，当然应该拿小的。孔融之可贵，在于虽年岁最小，却最先懂得礼让的兄弟相处之道。小而能让，为兄长者当然更应懂得让了。民间有很多传说，对那些爱护弟妹的模范兄（嫂）予以颂扬，相反，对虐待弟妹的兄（嫂）则给以谴责。孔融成为著名人物，与其文学成就有关，但四岁让梨的传说也是很重要的因素。长大后的孔融也确以维护礼义教化为己任，为此不惜得罪权贵。曹操打败袁绍后，儿子曹丕趁机霸占了绍之子袁熙的妻子。孔融不以为然，写信给曹操进行讽刺，说是当初武王伐纣胜利后，曾将纣王的宠妃妲己赏给弟弟周公。曹操问他有什么根据，他回答说，按现实中发生的情况推测既往，应该是这样的。这使曹操非常尴尬，借口所谓不忠不孝杀了他。曹操在传统的戏台上被演绎为白脸奸贼，在历史研究中也争议颇多，原因自然不一，但无理诛杀孔融不能不说是他的污点。

三　十世同堂

从孝悌伦理追求的理想说，同一祖先传下的子孙，都是一家，都应该和睦地生活在一起，互济互爱，贫富与共。基于这种观念而形成的大家庭，在文艺作品与实际历史中，都不乏其例。文艺作品如《红楼梦》中的荣宁二府，历史记载如南宋时期著名思想家陆九渊所在的陆氏大家庭。曾被载入《宋史·孝义传》的婺州郑氏，自南宋之后，一真没有分籍析财，传到明代，已经十世同堂，长达二百六十余年。还有江州陈氏，南唐时聚族达七百余口，宋时逾千，每食则必群坐广堂，后族人更增至三千七百余人。但这些大家族之所以被称为“义门”，且载入史册，恰说明其所占比例之小。多子女的家庭，在子女都各自娶妻生子后，继续维持共居生活，总是会遇到许多矛盾、纠葛。父母去世后，这种维持就会显得更加困难。统计资料表明，一对夫妻加上其未婚子女，有时再加上年老的父母，这种二三代人组成的单核心型或准单核心家庭，是传统社会大多数人的家庭生活形式。家族制度，某种意义上，起着弥合理想性的大家庭与实际存在的小家庭之间差距的作用。

中国在西周时期已经形成了完整的宗法家族制度。与后世不同的是，当时按地域划分的国家各级行政组织，和以血缘亲疏为根据的氏（家）族是合一的；周天子及各级诸侯代表的政统，和各级家长代表的宗统完全统一，周天子同时又是天下的族长。家族制度随着历史的推移，形式变化非常大。宋代以后，家族的形式有两类，一是由个体小家庭按血缘联系聚居形成的家族组织，一是累世同居共财的大家庭。前者是家族的普遍形式，后者是像前述郑氏那样十世同堂共财的大家庭，在数量上虽占少数，却往往被人们作为仿效的对象而发挥着典型的功能，因此它更充分地体现了宗法社会的伦理追求。

家族制度的维系手段，有祠堂、族谱和族田等，其中祠堂、族谱的着眼点在心理情感，族田的着眼点则在经济基础。家族的自然形态往往就是村落。若干二三代的单核心型家庭，有着共同的男性祖先，聚居形成村落。他们通常都修建共同的祠堂，年节岁时共同祭祀祖先；编修共同的族谱，详细记载自初祖而始的繁衍系统、每个小家庭成员的生卒、婚配，他们之间的血属关系，都录入其中。这两项制度对保证家族成员的归属感能够起到重要作用。同时，他们也购置共同的族田，以其收入供给全族性活动的支出，其中包括对特殊贫困成员的福利性救济。这种形式的家族，普遍存在于中国的乡村社会，直至 20 世纪中叶为止。如安徽池州地区，史书记载说："每逾一岭，进一溪，其中烟火万家，鸡犬相闻者，皆巨族大家之所居也。一族所聚，动辄数里或十数里，即在城中亦各占一区，无异姓杂处。以故千百年犹一日之亲，千百世犹一父之子。"（《光绪石埭桂氏宗谱》卷一）苏州地区，"兄弟析烟，亦不远徙，祖宗庐墓，永以为依"（《同治苏州府志》卷三）。在现代中国文化史上非常引人注目的无锡七房桥，也是突出的个例。这个贡献了钱穆、钱伟长等著名人物的家族，由明代中期的七房弟兄发展而来，到 19 世纪末期之后，已分化、衰败。尽管如此，统一管理的钱氏怀海义庄却仍然在众多的钱氏族人间维持了一个大体的完整，从而使这个小村落成为钱氏子弟心目中永远的归依。

家族内部，往往制定不同形式的家规、家范、家训等，借以约束、教育家族成员。这些规范，都将孝悌作为核心观念。《礼记》中载有大量关于“人子”在家族社会中所应遵循的“礼”，诸如早晨天一亮就穿戴整齐去父母处省视问安，晚上服侍父母就寝，冬天温被窝，夏天扇凉席，应对注意辞色和悦，行走小心扶卫，在父母面前不喧哗、不涕泣、不打哈欠、不伸懒腰、不单腿斜立、不搔痒，等等。后世的家族组织，依据这样的精神，结合自己的情况，制定出内容繁多的行为守则。如明儒方孝孺（1357—1402）所撰《家人箴》和《宗仪》，其中强调，治家并不比治国容易，因为骨肉之间，亲情过重而礼义为难，不同于治国者容易做到秉公执法，要维持健康的家庭生活秩序，不仅家长要德行完美，做出表率，而且规则也不可少。像《家人箴》就分《正伦》《重祀》《务学》《笃行》《自省》《绝私》《崇畏》等十五个部分。《崇畏》称：“有所畏者，其家必齐。无所畏者，必怠而睽。严厥父兄，相率以听。大小祗肃，靡敢骄横。”《家人箴》针对家长的自我修养，《宗仪》则面对一般族众。《宗仪》包括《尊祖》《重谱》《睦族》《广睦》《奉终》《务学》等九篇。无论是面向家长的《家人箴》，还是面向普通族众的《宗仪》，其核心都不外乎是培养笃厚朴实、勤劳上进、恪守孝悌人伦的君子。在这方面，更有代表性的，还要推清康熙年间山西绛州秀才李毓秀所作的《弟子规》。《弟子规》采取三字一句、合辙押韵的顺口溜形式，流传非常广，远远超出特定家族的范围，李毓秀也因此被送进绛州当地的“先贤祠”。其文曰：“弟子规，圣人训。首孝悌，次谨信。泛爱众，而亲仁。有余力，则学文。父母呼，应勿缓；父母命，行勿懒；父母教，须敬听；父母责，须顺承……兄道友，弟道恭。兄弟睦，孝在中。……路遇长，疾趋揖。长无言，退恭立。……”《弟子规》理论上毫无新意可言，不过是依《论语·学而》中所谓“弟子入则孝，出则弟，谨而信，泛爱众，而亲仁，行有余力，则以学文”的意思，结合《礼记》等的礼节规定，采取更容易为底层群众接受的方式，宣传传统孝道思想。它能够得到普遍褒扬，原因在于适应了普遍存在的家族组织教育子弟的实际需要。

家族要推举出明确的族长及下属各房的房长，此外还要设定管理族田、族学等的执事人员。族长通常是辈分比较高的男性宗长，其职责包括主持祭祖，处理族人间的婚嫁、分家、立嗣等方面的争执。主持祭祖意味着族长被赋予了祖先代言人的身份，有点类似于天子通过主持祭天而证明其治理天下的合法性的味道。这种代言人身份，保证了家长在处理现实事务时的权威。这种权威的实施，反过来又强化了人们对以敬祖为依归的孝悌伦理的认同。

从小生活在家族环境中，人们的精神世界自然会深深地打上家族制度的印记。传统社会的许多著名思想家、政治家，尽管后来远离故土，其人生选择、性格气质中，却仍然透出这种影响。北宋时期的政治家范仲淹（989—1052），曾官至枢密副使、参知政事，以“先天下之忧而忧，后天下之乐而乐”的名句传诵千古，其道德学问历来都得到各方面的很高评价。他对待家族的态度，是很有代表性的。范仲淹表白心迹时说：“吴中宗族甚众，于吾固有亲疏，然以吾祖宗视之，则均是子孙，固无亲疏也。苟祖宗之意无亲疏，则饥寒者吾安得不恤也。自祖宗来积德百余年，而始发于吾，得至大官，若享富贵而不恤宗族，异日何以见祖宗于地下，今何颜面以入家庙乎？”（《戒子通录》卷六）

自己的生命来自祖先的恩赐，自己能有所成就，亦离不开先祖的荫庇，这种对祖先的孝思，生发开去，则形成对同族之人的爱念呵护之情。后来，理学家进一步从形而上的哲学层面疏解了这种境界与情思。如陆象山（1139—1193）少年时读书，见古书上注“宇宙”曰：“四方上下曰宇，古往今来曰宙。”则即刻觉悟曰：“宇宙内事乃己分内事，己分内事乃宇宙内事。”（《象山先生全集·年谱》）为了表达这种感情，范仲淹利用官俸收入在老家购置田产，设立著名的范氏义庄，用义庄的收入赈济族人，保证他们“日有食，岁有衣”。为了保证义庄的有效管理和充分发挥作用，他制定了细致的管理条例，对有关受益对象的支付办法和数量都做出规定。范仲淹的做法起到了非常好的示范作用，此后范氏义庄即使在范过世后仍长期存在。范仲淹的四儿子范纯仁尤具乃父遗风，他在1049年中了进士，因不愿“轻去父母”，直到三年后父亲去世，才出来做官，后来官至宰相，成为名臣。纯仁的成就，与范仲淹重视子弟教育关系很大。这种注重后代子孙教育的习惯，同样被范纯仁继承。《宋史·范纯仁传》说他：“夷易宽简，不以声色加人，谊之所在，则挺然不少屈。自为布衣至宰相，廉俭如一，所得奉赐，皆以广义庄；前后任子恩，多先疏族。没之日，幼子、五孙犹未官。”他也曾告诫子弟说：“人虽至愚，责人则明；虽有聪明，恕己则昏。苟能以责人之心责己，恕己之心恕人，不患不至圣贤地位也。”

孝与女性地位

宗法社会是以男性为中心的结构，基于这种特点，主导性意识形态总是强调女性的从属性。汉代确立的“三纲五常”，是这种倾向的集中体现。“三纲”即三种最基本的社会关系原则，其中之一就是“夫为妻纲”。由“夫为妻纲”而有所谓“三从四德”。“三从”，按《仪礼》的说法，指女人在没有出嫁做姑娘时，应听从父亲的话；出嫁做媳妇后，要听从丈夫的话，按丈夫的要求去做；丈夫死后，要跟从儿子，教儿子走正路。所谓“四德”即妇德、妇容、妇言、妇功，当然也是站在男性立场上提的要求。但宗法社会又是尊老社会，孝道要求晚辈服从长辈。孝作为伦理原则，集中体现于父子关系，但孝作为伦理情感，却和母子关系联系更直接。这种母子关系进一步规定了家庭内部的婆媳关系，由此导致女性家庭地位的二重性。即作为女性成员，她是从属于男性家长的，但作为长辈，借助孝道原则，她有可能享有对其他家庭成员，包括由儿子担任的男性家长的超家长的权威。

一　寸草春晖

“家”是人们获得生命归属感的重要源泉，其他层面的归属感，往往需要借助于“家”加以确证。对政治性国家的认同如此，终极性的宇宙关怀也是如此。如北宋理学家张载的《西铭》，其中所表现的上下与天地同流的超越性精神情怀，就是通过对天地自然世界的泛血缘化处理加以表达的：

> 乾称父，坤称母；予兹藐焉，乃混然中处。故天地之塞，吾其体；天地之帅，吾其性。民，吾同胞，物，吾与也。
>
> 大君者，吾父母宗子；其大臣，宗子之家相也。尊高年，所以长其长；慈孤弱，所以幼其幼。圣，其合德；贤，其秀也。凡天下疲癃残疾、茕独鳏寡，皆吾兄弟之颠连而无告者也。
>
> 于时保之，子之翼也；乐且不忧，纯乎孝者也。……生，吾顺事；没，吾宁也。

天地生物，通天下一气耳，自我不过是这个伟大身躯上小小的分子罢了。站在这样的角度，则人与自然界之间，就会感受到息息相通的精神性共鸣，每个个体就会体验到与全天下百姓间的恋恋亲情。天行健，创生万物，地厚德，盛载万物，所以说“乾称父，坤称母”。人间的君主是奉天承运、作为“天子”来统领万民的，所以称之为“父母宗子”，大臣也就如同协助天子治理家政的“家相”了。如此一来，孝悌伦理的适用范围就非常广泛了——普天之下，都是宇宙父母的孩子，都是我的兄弟姐妹。

由此而生发的仁者情怀，显然，同普通所谓道德义务有着根本区别。后者乃是由外而内的社会要求，前者则是由内而外的生命需要，所以说“乐且不忧”。“生，吾顺事”，也是强调，人在世的根本任务，就是顺应并事奉天地宇宙，这是它们作为创生者赋予自己的内在禀性，或者说是“命”。《西铭》写出来后，在不同派别的儒家人物中，都博得了一致的赞同，因为它将儒家的人生观从根本上与佛道等区别开来了，这就是将孝悌伦理普泛化，使之成为人们全部世界观的根本立足点。

家在中国人的精神世界中如此重要，以至它成了几千年来中国诗歌创作最重要的主题。从《诗经》中的“昔我往矣，杨柳依依；今我来思，雨雪霏霏”开始，这条线索绵延不绝，为诗人创作提供了不竭的灵感源泉。家也为传统社会人们的实践活动提供了重要的价值选择参照。所谓衣锦荣归，所谓光宗耀祖，所谓人得意时不回家犹似锦衣夜行等等，这些揭示的，都是家在人们心理世界中的巨大统摄力。连项羽这样的盖世英雄，也始终笼罩在家的引力场之中，从鼎盛时期的执意回老家建都，到身处绝境时的无颜见江东父老，都是这种心理状态的流露。与家相联系的心理情结是如此强烈，以至进入20世纪，在传统的“家”被作为枷锁打碎之后，人们自觉不自觉地还是要将自己营构的各式组织机构拟血缘化，形成各式各样的单位式“革命大家庭”。

家在人们的精神生活和价值选择过程中既发挥着如此巨大的影响，则作为家之象征的母亲的形象，其在人们情感生活中的地位，就可以想见了。因为，按照孝悌伦理，父母同为人子依恋的对象，且父亲尤居主导地位，但从人的生物性特点来说，母亲与孩子之间有着更直接的接触，往往亲子之爱表现得更舒展。同时，从家庭分工来说，父亲偏重于“教”，而母亲着重于“养”，由此而有严父慈母的角色定位。因此在感情领域，母亲往往作为父母的共同代表，成为人子抒发孺慕之心的对象，犹似在社会政治层面，父亲作为父母的共同代表行使家长职能一样。唐人孟郊的一首五言诗，极富感染力地唱出了母亲对“家”的象征意义：“慈母手中线，游子身上衣。临行密密缝，意恐迟迟归。谁言寸草心，报得三春晖？”人们行走江湖，独立社会之际，家对他们意味着的是心灵的慰藉、情感的温暖，而慈母形象就成了这种“家”的意象的最富感召力的象征。母系氏族社会时期，女性扮演着居于支配性地位的角色，随着生产力的进步和人类生产方式的改变，女性的这种地位转而为男性所取代。恩格斯（1820—1895）曾将这种变化称之为女性在与男性关系上的具有世界性意义的失败。女性对于男性的这种失败，也决定了她们在家庭中对于男性的从属地位。

但这种从属性主要表现在现实决策领域及观念层面，就感情生活言之，女性始终保留着凝聚核心的地位。所以在艺术世界中，当家的意象具有肯定时，作者往往自觉或不自觉地选择女性作为它的象征性标志。中国的《红楼梦》中的贾府是如此，西方的《百年孤独》中的布恩迪亚家族是如此，肖洛霍夫笔下的麦列霍夫家族也透着这样的意味。父亲作为男性，其生活重心在社会，而母亲作为女性，其基本职责就在家庭之中。“贤德”作为评价女性的标准，其内涵除辅佐丈夫外，最重要的就是疼爱子女了，没有对子女的温柔慈爱，是谈不上“贤德”的。所以人们怀念家，首先怀念的是母亲。无论古今中外，追忆父亲的文字比起追忆母亲的文字，在数量和生动性上，都明显地逊一筹，这绝不是偶然的。

从家庭角色分工说，母亲对子女的职责偏于感情的抚爱，但这种抚爱如果没有是非原则，也可能陷入误区。健康的母爱，应是“教”的特殊形式。爱而至于失去理智，就是溺爱，结果只能是害了子女，并反过来贻害自己。颜之推说：“无教而有爱，每不能然。”（《颜氏家训·教子》）古人非常重视这方面的教训。《战国策》记载着左师触龙劝解赵太后的故事。说是赵太后新用事，就遇到秦国的进犯，形势危急，赵向齐国求救，齐国愿意帮助，但要求以太后的小儿子长安君为人质，太后却不同意，甚至说谁要再劝她这样做，就要唾在谁脸上。左师触龙前往进谏说：父母爱子女，应该替他做长远考虑。您现在因为喜欢长安君，就拼命抬高他的爵禄赏赐，给他肥沃的封土，却不想办法让他为国家立功，一旦您老人家百年之后，他靠什么在赵国立足呢？您对女儿燕后就不是这样，每次送她归国，都要相拥而泣，不忍相别，但祭祀祷告之时，却祈盼神灵保佑她别被遣送回娘家来，为的是什么呢？是为了她的将来，希望她能生养子嗣，长保富贵呀。您自以为爱儿子超过爱女儿，而在我看来，您替儿子考虑的却不如替女儿考虑的周到。赵太后接受了触龙的观点，忍痛让长安君去了齐国，结果为赵国立下大功。但并非所有的母亲都能接受这样的道理，用正确的方式爱自己的子女。民间有许多溺爱导致孩子走向歧途的故事。这种事在富贵人家尤其多，因为家道殷实乃至家势煊赫，更容易产生错觉，以为自己的荫庇可以保证孩子终身的安乐，殊不知儿孙自有儿孙福，每个人来到世间，其因缘造化，都只能靠他自己去创造，父母的责任乃是自小通过正确的引导教育，帮助孩子树立正确的人生观，培养良好的行为习惯和立身品格。就此而言，倒是贫寒人家子弟，因为没有依恃，往往能够发奋自励，磨砺意志，成就一番事业。所谓“艰难困苦，玉汝于成”，说的就是这意思。孟子说，天将降大任于斯人也，必先苦其心志，劳其筋骨，也是基于富贵子弟多纨绔的社会现象的经验之谈。

母爱常常会陷入的另一个误区，是偏爱。颜之推曾说：“人之爱子，罕亦能均；自古及今，此弊多矣。”（《颜氏家训·教子》）不能均就是偏爱，偏爱对于子女身心的健康发育，及成年后的和睦相处，都会产生消极影响。春秋时期郑武公的妻子武姜，大儿子庄公出生之时难产，使自己遭受太多的疼痛，这与孩子本无关系，她却因此就不喜欢这个孩子，转而去偏爱小儿子共叔段，并试图违背通行的礼制，帮助共叔段抢夺庄公的太子之位。最后的结果当然是兄弟矛盾加剧，共叔段身败名裂，武姜与庄公的母子感情也受到严重伤害。这个历史故事曾以《郑伯克段于鄢》为题，选入各种不同版本的语文教材，广为人知。从后人的评价来说，在这场兄弟失和的闹剧中，共叔段作为弟弟固然颟顸骄狂，富于心机的庄公也颇遭物议。对弟弟共叔段的不轨图谋，他不是及时制止，而是加以默许纵容，等到对方难以自拔时，再彻底歼灭，这当然不是为兄者应有的态度。庄公和共叔段的悲剧，追根溯源，母亲武姜难辞其咎。正是她的不健康的爱子方式，种下了兄弟间仇恨的种子。颜之推就此评论说：“有偏宠

者，虽欲以厚之，更所以祸之。共叔之死，母实为之。”（《颜氏家训·教子》）

二 妇姑恩怨

父子伦理偏重于提醒子女对于家族所应承担的责任和义务，激励着子女在事业上的奋发进取心；母子伦理对子女来说，则更多地引发对家作为生命的来源和归宿的眷恋和依偎，加之母亲作为女性在文化观念层面上被赋予的柔弱属性，使得敬养侍奉慈母成了历来孝子的心理情结。早期儒家崇尚的是孝悌为本，但在秦汉开始确立的帝国政治结构中，主流意识形态发生了变化，那就是强调孝必须服从作为政治道德的忠。绝大多数士子在实践中的选择，不可能是“父母在，不远游”，而只能是以身许国，早早地辞别故乡慈母，宦游四方，为功名事业奔波。儿子是如此，至于女儿，则按传统伦理，待字闺中之时，尚属幼年，属于教育的对象，一旦长大成人，就要嫁作他人妇。嫁出去的女儿泼出去的水，是属于别人家的人了，其责任义务转而都归入丈夫的亲属系统中。所以传统社会父母与子女间的慈孝关系，特别对上层阶级来说，往往落实为媳妇与翁姑即公婆间的关系。媳妇嫁到丈夫家，自己就成了丈夫的一部分，丈夫的义务同时也就成了自己的义务，孝敬丈夫的父母，即公公和婆婆，就成了媳妇生活的中心内容。

传统伦理强调，为人妇者必须温顺贤德。女童自幼就要接受相关教育，如《闺门女儿经》教女子要：“娘边做女，莫出闺门。行莫乱步，坐莫摇身。……嫁做媳妇，敬奉大人。夜寐夙兴，茶水时温。”但婆婆与媳妇之间缺少血缘感情的基础，单方面地强调媳妇的义务，使得婆媳关系很容易陷入不平衡状态，即婆婆的权威过度膨胀，造就出许多恶婆婆形象。文学作品中的例子如《焦仲卿妻》里的焦母，历史记载上的典型如陆游与唐婉关系中的陆母，都是无端嫌厌媳妇，滥施淫威，勒逼儿子休妻的典型。在这种格局下出现的所谓孝妇典型，也往往人格畸变。如明代新乐人韩太初之妻刘氏，因丈夫任所迁徙，刘氏陪侍婆母随往，不料婆母途中摔倒，将腰扭伤了，刘氏就偷偷用锥子刺破自己的身子，用血混合着药汤给婆婆喝，治好了婆婆的病。过段时间，婆婆的伤又犯了，刘氏就再用自己的血和药进献，再次治好婆婆。到了任所，日常侍奉，无有违礼者。婆婆患了风疾，正当盛夏，刘氏昼夜为婆母驱赶蚊蝇，略无懈怠。后来，婆母病危，啮咬刘氏的小指，意思是说自此将要永诀了。刘氏理解错了，就将手指砍下来，滴血和着米粥送给婆婆吃。最后婆婆还是死了，为了能俟日归葬故里，只是浅浅地暂时埋下。等了五年，一直没能如愿，刘氏每念及之，则痛泣有如新丧之日。事为朝廷所闻，于是召至京师，厚厚赐赏，将其婆母重新归葬新乐，且旌表刘氏的孝行。作为个体自愿的道德选择，后人本不必妄做评议，但类似过于离奇的孝妇故事，在历代正史之节义传中，实在是太多了，不能不让人发生联想。这样愚昧的所谓孝行，只能发生在主体性的发育遭到长期压抑的情况下。而社会之所以极力弘扬这种超乎常规的孝行，说明人们对婆媳关系的认识出现了严重的扭曲，以至正常的孝心孝行，已经不能满足对这种认识的期望。

也有些健康的孝行得到了褒扬，这一般都和特殊的外在情境有关。如事迹记入《新唐书》孝妇列传的郑义宗妻卢氏，出身名门，自幼习读诗书，知礼节，事公婆甚恭敬。某次，盗贼持兵刃夜劫其家，家人狼狈鼠窜，婆婆因年老不能去，卢氏因冒兵刃之灾立侍婆母之侧，被贼人棒击几至昏死过去。事后别人问她：为什么不害怕？她回答说：人之所以异于禽兽者，以其有仁义心也，现在即使是邻里遇到急难之事，大家还会设法救援，何况自己的婆婆，怎忍心委弃不顾呢？倘若婆婆有了不测，我也没有什么脸独自苟活。婆婆听了她的话，感慨地说：真是岁寒然后知松柏之后凋呀，我现在算是彻底看清楚媳妇的为人了。

传统道德理念强调妇姑关系的重要，究其本旨，可以看作对父子关系的补充。而强调父子关系，又是为了增强家族的凝聚力。在这个意义上，社会学家往往说传统中国是家族本位社会，个体性的感情愿望等处在次要位置。《周易》上说过："有天地然后有万物，有万物然后有男女，有男女然后有夫妇，有夫妇然后有父子，有父子然后有君臣，有君臣然后有上下，有上下然后礼义有所错。夫妇之道不可以不久也……"将夫妇之道摆到整个人伦之始的高度，不可谓不重视，但在实践中，夫妇之道的价值，却似乎被转化成了家族繁衍的工具，无论丈夫还是妻子，都首先是作为家族整体的分子存在的。为了克服夫妇间的小核心对大家庭的解构效应，传统孝悌伦理特别贬抑夫妇间两性感情的道德意义，似乎丈夫和妻子仅仅是因为生活在共同的团体中才产生联系，否则他们之间就什么也没有。费孝通在《乡土中国》中描述说："不但在大户人家，书香门第，男女有着阃内阃外的隔离，就是在乡村里，夫妇之间感情的淡漠也是日常可见的现象。……我所知道的乡下夫妇大多是‘用不着多说话的’，‘实在没有什么话可说的’。……男子们也不常留在家里，男子汉如果守着老婆，没出息。……乡下，有说有笑，有情有义的是在同性和同年龄的集团中，男的和男的在一起，女的和女的在一起，孩子们又在一起，除了工作和生育事务上，性别和年龄组间保持着很大的距离。”[①]这虽是对近世乡村的观察结果，但对理解大家族中人际关系的组合方式，仍有直接的参考意义。因为中国的家族聚居的结果，往往形成自然村落，反过来说，村落大部分情况下与家族其实是重叠的。

媳妇对公婆从法律上说，与丈夫负有同等义务，但她毕竟是外姓人，因为丈夫的关系而与公婆共居，天长日久，难免生出嫌隙。其中翁姑关系，即公公与媳妇的关系，更是多出一种微妙。一方面，公公是父亲，媳妇应如子女般尽孝，另一方面公公是男性，且与媳妇无血缘关系，按男女有别的礼教原则，应避嫌。就此而言，传统道德和法律为了强调孝亲原则的优先地位，采取明显偏袒公公一方的立场。宋代法律规定，父母、祖父母告子女，纵是诬告亦无罪，反过来，子女告父母、祖父母，纵属实，亦判子女罪，而父母、祖父母则视同自首免罪。《名公书判清明集》中载有《妇以恶名加其舅以图免罪》案：阿张为蒋九妻，公公蒋八具状告她不孝，理由是阿张唆使蒋九“弃父养，出外别居”。审问时阿张道出隐情，说是因公公对她图谋不轨，无奈才搬出别

① 费孝通：《乡土中国》，第 41 页，生活·读书·新知三联书店，1985 年版。

居。判案者认为，阿张为人子妇，不能取悦尊长，致使公公两度以不孝呈控。阿张所述的原委，虚实难以尽究，但媳妇对公婆，好比子女对父母，应彰扬父母的美德，而隐匿其恶行。即使蒋八果然有不轨之举，阿张拒绝是应该的，事后明白地告之于人，却不符合为尊者讳的礼法要求。何况蒋八年纪甚大，于理不会有非礼之念。礼经上说：做儿子的非常喜欢自己的妻子，但父母不喜欢，这种情况下，应该休妻以从父母。蒋九却为了妻子而放弃看顾父亲，所以判蒋九杖责六十，回家奉养父亲，如果再让父亲蒋八生气来告，定以不孝治罪。而阿张则“押下，射充军妻”。这个案子的处理，虽具体断案者也有责任，却也反映出媳妇在家庭关系中的被动地位。在与翁姑的关系中，不论因什么原因发生了龃龉，媳妇总是无理的。

在传统社会结构系统中，女性相对于男性，总体上处于弱势地位，但女性自身内部也因身份的不同形成层级分化。但这种层级与印度的种姓制度不同，种姓制度的等级分类，其依据是普遍的绝对的，某人属于某等级是确定的，中国的分类标准却是相对的、特殊的，同一个体当其处在不同的关系中时，身份及相应的权利地位都会发生变化。梁漱溟认为中国不是阶级社会，应该就有这方面的所指。就媳妇与婆婆关系言之，双方权利义务不平等，又没有血缘感情的调节，因此在生活中二者的地位必然高下悬殊。婆婆作为女性，在自己丈夫面前，固然是从属性的，但在媳妇面前却就成了家长，成了主导性的角色。这种主导性结合男主外女主内的分工因素，使婆婆成了整个家庭的实际重心，媳妇在丈夫面前固需温顺贤良，在翁姑面前更是必须小心侍候。但对任何女性来说，婆婆或媳妇的身份都是可以转换的，今日的婆婆固是昨日的媳妇，而今日的媳妇也将成为明天的婆婆。所以，民间有句话，叫作百年媳妇熬成婆。百年说的是做媳妇过程的艰难，而熬成婆则意指婆婆角色的春风得意。

正因为婆婆大多是从昨天的媳妇转化而来，做媳妇时都难免历经辛苦，所以到了婆婆的位置上以后，就会将对媳妇的优越感视作理所当然。使唤儿媳妇，这对传统女性，特别是底层女性来说，大概是最重要的满足支配愿望的途径了。《闺门女儿经》中教诲女子说："倘若无子，绝夫嗣宗。劝夫娶妾，荫续宗亲。妻妾和顺，莫使妒心。"传统道德固然没有完全灭绝女性在爱情问题上的妒忌心理，但生活中确有大量所谓贤惠妇人，能够容忍乃至主动替丈夫纳妾，这一方面有传统的压力和舆论的影响，另一方面，很重要的，如果丈夫绝后，妻子存在着终其一生不能获得婆婆身份的问题，这在传统女性的意义世界中是非常重要的生命缺憾。

三　寡母持家

在大家庭中，母子关系处于比较边缘的位置。但在因各种意外变故而致男性家长缺席的家庭中，母子关系就会出现值得注意的特殊之点。这种情况下的母子关系，首先一点，它从复杂的亲属关系中脱离出来，成了家庭结构的轴心，其次一点，这种关系由于受两种不同规则的指导，其平衡具有动态性。就男性与女性的角色分工言之，父亲去世了，继承家长地位的是儿子，所以有“父死从子”的说法。而就孝悌人伦言之，儿子应以与对父亲同样的孝顺态度对待母亲，这又决定了母亲在儿子面前的家长地位。这种关系特点在《红楼梦》的荣国府中有形象化的描述。荣国公去世了，但老祖宗贾母还活着。对外，儿子贾政是一家之长，平常事务贾母不便插手，但因为孝的原则，贾政在某些问题上，又不能不听命于贾母。理论上，儿子作为家长和母亲作为家长，指涉的范围不同，但实际上却很难截然分开。“从”的原则与“孝”的原则，何者为先，根据具体人的性格能力和环境等因素的不同，会有不同体现，但总体上看，在中国历史上，在儿子与母亲的关系中，孝的原则始终占据优势地位。为人广泛称道的孝子，不仅对父亲，而且对母亲抱有同样的敬畏。如梁朝的大司马王僧辩之母魏夫人，性格严正，据说王僧辩到四十多岁的时候，尽管已经做到了刺史这样的大官，魏夫人还是照样稍不如意，即行捶挞。舆论对此也持赞许态度，认为正是由于母亲的这种严格教育，才成就了僧辩的功业。焦仲卿母、陆游母之能够专横地干涉儿子的婚姻，就是很好的说明。生活性事务会出现这种情况，社会政治领域也同样会形成这样的格局。吕后、武则天能够在丈夫死后取代儿子走向政治前台，慈禧控制光绪而独揽大权，这种本属“僭越”的行径之所以能够获得一定程度的合法性认同，与其对“孝”原则的利用有密切关联。

寡母教子有方的例子很多，较早者如孟母。孟子早年丧父，他之所以能够成为品格和才学俱佳的文化名人，据说与母亲仉氏的教育分不开。《韩诗外传》上说，有一次仉氏带孩子出门，碰到邻居家杀猪，孟子问她邻居家杀猪干什么，她顺口说杀猪给你吃肉。但话一出口就后悔了，因为做母亲的说话这样不负责任，无异于教孩子自小撒谎。为了挽回，她回家后就去杀猪的人家买了肉来给儿子吃。对此她解释说：“吾怀妊是子，席不正不坐，割不正不食，胎教之也。今适有知而欺之，是教之不信也。”甚至打从十月怀胎之始，她就开始有意识地培养孩子的品格意识和做人原则了。孟母有关胎教的观念不是偶然的，《颜氏家训·教子》中说过：“古者圣王，有‘胎教’之法：怀子三月，出居别宫，目不斜视，耳不妄听，音声滋味，以礼节之。书之玉版，藏诸金匮。”孩子尽管还在娘胎之中，却已有了初步的感知能力，所以要选择适当的环境孕育，注意避开刺激、怪诞的事物，举止动作，都注意适当的节制。仉氏因为注意孩子生长的环境，还留下过著名的“孟母三迁”的佳话。孟家本与屠户为邻，孟子闲时就模仿屠夫宰猪的动作，母亲担心影响儿子的人生志趣，所以就想办法把家迁到了远离屠户的郊外，不巧新家又恰好与坟场为邻，孟子看到哭丧掩埋之事，又比照着游戏，孟母觉得这也不是什么高人雅士所当为，于是再次搬家，住到了一所学宫的旁边，孟子在这里每天看到听到的，都是有关揖让进退的礼节，母亲这才心里踏实起来。孟母教育方法上也有自己的特点。有次孟子因贪玩而中途从学校跑了出来，仉氏便当着他的面将织布机上织了一半的布剪下来。孟子问她为什么要这样做，仉氏回答说：你的学习和我的织布一样，只有积丝成寸、积寸成尺、积尺成匹，才能成为有用的布料，你学习的时候随意跑出来，就像我织布织到一半就剪下来一样，只能成为废品。孟子听了母亲的话，深受震动，学习态度变得踏实严谨了。

对儿子来说，教首先来自父亲，但对幼年丧父者而言，教的责任则转移到了母亲的身上，因此寡母之爱，特点在于爱和教的结合。宋代文学家、政治家欧阳修之母郑氏，在这方面表现得很突出。欧阳修四岁之时，父亲去世，母亲只好带着他到随州投奔叔父。郑氏是有见识的女人，她深知丈夫去世了，自己对于儿子所负的责任，常叮嘱说："吾儿不能苟合于世，俭薄所以居患难也。"她还经常以丈夫的做人原则对儿子进行引导："汝父为吏廉，而好施与，喜宾客，其俸禄虽薄，常不使有余，曰：'毋以是为我累。'故其亡也，无一瓦之覆，一垄之植，以庇而为生，吾何恃而能自守邪？吾于汝父，知其一二，以有待于汝也。自吾为汝家妇，不及事吾姑，然知汝父之能养也；汝孤而幼，吾不能知汝之必有立，然知汝父之必将有后也。吾之始归也，汝父免于母丧方逾年，岁时祭祀，则必涕泣，曰：'祭而丰，不如养之薄也。'间御酒食，则又涕泣，曰：'昔常不足，而今有余，其何及也！'吾始一二见之，以为新免于丧适然耳。既而其后常然，至其终身，未尝不然。吾虽不及事姑，而以此知汝父之能养也。汝父为吏，尝夜烛治官书，屡废而叹。吾问之，则曰：'此死狱也，我求其生不得尔。'"（欧阳修《泷冈阡表》）从欧阳修成年后的回忆，可以体会幼年时期母亲言传身教在他心灵深处留下的烙印。

寡母的特殊地位，与其在丈夫去世后所承担的特殊责任是联系在一起的。历史上著名的寡母，几乎全部生活在单核心的小家庭中。丈夫的去世，固然给她们造成了巨大的心灵创痛和生活压力，却也提供了生活在大家庭环境中的妇女所没有的舞台空间，在这个相对宽松得多的表现场地上，她们的自主性得以更充分的发挥。在多核心的大家庭中，儿子虽由母亲所生，其抚养教育却是整个家族的义务，同时也是权利，这首先又是为父者的责任范围，母亲在这个过程中能够发挥的作用是有限的。在丈夫早亡所造就的单核心小家庭中，母亲成了儿子的唯一保护人，其在儿子成长教育过程中的重要性不言自明。这种重要性表现为，一者，寡母享有儿子如何接受及接受何种教育的完全决策权，这从孟母三迁的故事中能看得很清楚，难以想象多层级大家庭中的母亲能这样做；二者，幼年丧父的生命创痛，决定了这种家庭的孩子的特殊敏感，母亲的含辛茹苦首先从感情上就已笼罩了孩子，所以寡母教育对儿子人格世界的影响力，有着普通教育难以企及的强度。欧阳修成年之后，对幼年所受母亲教育的情景，保留着如此清晰的记忆，很重要的原因在于，这种教育是浸润着强烈爱意和期望的心灵的濡染，孩子能够非常深地体会到母亲感伤目光背后的希冀。这种心理压力会使为人子者终生感受到难言的内疚。与欧阳修类似的例子，在现代有著名哲学家梁漱溟的父亲梁济。可以理解，寡母型的母子关系，即使在儿子成年后，由于强烈的感情积淀，一般也不会改变母亲在生活中的主导地位。梁济是 20 世纪典型的守旧型人物。其实，同样的心理情结，也非常频繁地出现在新文化巨匠们的身上。像“五四”和新文化运动的领袖人物胡适和鲁迅、现代小说巨匠茅盾，都是自幼由寡母抚育成人的，他们无例外地终其一生，都无法从精神世界中摆脱早年生活投下的影子。鲁迅因为不忍拒绝母亲，违心地接受朱安夫人，这曾使他的感情生活陷入枯井样绝望的黑暗中。胡适更是自觉地牺牲了他大洋彼岸的自由恋爱，以“情愿不自由，也是自由了”的态度，与妻子江冬秀终身厮守，由此赢得蒋介石所谓“新文化中旧道德楷模”的赞誉。

与寡母对儿子影响深刻相应的，是寡妇占历代孝妇比例之巨大。顺手翻查《续文献通考》中收录的孝妇传，可见大量类似材料：唐代，宜春范氏，丈夫与公公俱过世，婆婆病，遍求医不验，忽闻肉香，欲食之甚急，村野之间，一时不能得，范氏乃割左膊之肉煎煮以奉，婆婆病遂愈，乡里称其孝，以割骨名村。莫家媳妇何氏，夫死，年犹盛，誓不嫁，侍婆母至孝，黄巢兵乱，邻里皆奔徙，何氏因婆婆病卧不能同行，抱之涕泣，贼至，痛哭请求：寡居多年，都是为照顾婆婆，宁愿替死，请别伤害她。贼于是劫掠何氏同行，想要玷污她，故意拿刀在她面前晃来晃去地加以威吓。何氏诈称换衣服洗脸，趁机解下围巾吊死。宋代，谢天与妻邓氏，武进人，丈夫早逝，婆婆因哭儿子失明，邓氏竭力侍养，后元兵进犯，邓氏抱婆婆避到牛舍中，元兵放火烧她家的房子，邓氏扶着婆婆藏到菜地里，结果被元兵抓住，路途遇到河渠，为免受辱而挣脱系缚赴水死；宁德人何晋妻陈氏，事婆母至孝，何晋不幸病故，一女尚幼，又有身孕，于是向天祷告说：如果能给何家留条根，死也瞑目了。后来果然生了个男孩，乃尽屏脂粉，闭门独居，日夜以课子读书为业，后果成文学名家……类似画廊还可以无限地展示下去。寡媳之所以容易获得孝妇的旌表，其身份容易引起当时人的同情固是原因之一，更重要的，可能是因为丈夫去世而导致的其在家庭中地位的变化。丈夫健在时，做媳妇的无论多么孝顺，其光辉都首先属于丈夫，因为作为丈夫的附属，媳妇的行为，不被看作媳妇本身意志的结果，而被理解为丈夫适当管理教育的结果。在丈夫去世特别是公公也去世的家庭中，寡媳客观上就成了家庭的核心，这种情况下，她的光彩很容易就会被人们发现，也正是在这种情况下，其孝行才具有了充分的独立意义。

政治中的人伦

中国人无论讨论什么问题，无论评价什么人物，都习惯于首先从道德上判断他的善恶。要否定什么人，最有力的方式，莫过于揭露他在道德品格方面的瑕疵。所以我们看到，学术争论往往会转变成相互间道德品质的质疑。甚至对专门的学科性知识和技术，也要先审视其在道德上的意义。这就是荀子所说的："夫坚白、同异、有厚无厚之察，非不察也，然而君子不辨，止之也；倚魁之行，非不难也，然而君子不行，止之也。"（《荀子·修身》）对于那些没有伦理价值的行为、观念和探讨，君子都采取轻视的态度。这种泛伦理化倾向，决定了传统政治的道德化色彩，也决定了孝悌人伦在政治中的影响。这种影响集中体现在下述观念上，一是要求自天子至庶人，不管具体职业身份如何，都应该首先做孝子，这是人生在世最基本的事业；二是认为，天子及各级官吏的重要职责之一，是以孝道观念对百姓进行"风化"；三是认为，应将那些孝悌的模范，通过适当途径选拔到领导岗位上来。

一　孝治

孝亲观念成为普遍性的意识形态，获得强大的规范能力，这同统治集团的有意利用和大力倡导分不开。在产生了利益分化的高级人类组织中，意识形态的内涵复杂多样，其中既有反映特定社会群体愿望的部分，也有超越特定群体的特殊愿望，而联系着普遍性人类思维情感规律的因素。但不可否认，处于主导地位的意识形态观念，离不开居于统治地位的群体的支持。孝亲观念在传统社会生活中的影响，及它在人们心目中的地位，都应从这样的角度做出考察。

统治集团愿意花大气力倡导孝行，是因为这种品质有助于现实秩序的稳定。孔子对此说得很清楚："其为人也孝弟，而好犯上者，鲜矣。"（《论语·学而》）在家中温顺可人，孝父敬兄，到了社会或单位里却处处和领导找别扭的人，非常少见。就具体利益和动机言之，父亲作为血缘性家庭的代表，与君主作为整个政治体制模式的代表，当然有区别。韩非注意到这种区别，指出父之孝子，未必是君之忠臣，所以他对血缘伦理采取排斥态度。但这只是问题的一个方面，而且是次要方面。家长与君主代表的利益范围虽不同，其对属下和成员性格类型的要求却很相似，那就是忠诚和服从。孝悌伦理塑造出的主体人格，其因维护家族利益而可能产生的对君主制度的危害，与其对这种制度具有的维护功能比较，只占次要地位，如果协调得当，这种危害完全可以避免。

在家族结构中，每个人都受到来自诸多方面的义务与责任的约束。对父亲来说，自己是儿子，对儿子来说，自己又是父亲，对兄长来说，自己是弟弟，对弟弟来说，自己又是兄长。这种繁复的亲属关系及相应的行为规则，从根本上限制了个性自由观念的发育。人们一言一行，都要注意克制自己，最终磨平了性格的锋芒，养成恭顺的性格。这种恭顺的性格，很容易变形为对君主的忠诚和顺从。韩非将孝亲与忠君对立起来的论调，在实践中并没有得到重视。从现有文献资料看，秦王朝变法乃至统一后，其政策中仍有大量涉及孝悌伦理的内容。如秦始皇嬴政（前259—前210）在《泰山刻石》中说："廿有六年，上荐高号，孝道显明。"其他刻石中还提到"以明人事，合同父子"等。《睡虎地秦墓竹简》的《为吏之道》中也提出："君鬼（音huái，和柔的意思）臣忠，父兹（慈）子孝，政之本殹（也）。"当然，这些伦理观念与其片面迷信暴力的政策手段之间，一直没有能够真正整合。如《睡虎地秦墓竹简》中载有两个用杀头和流放的方式处理亲子不孝的案例，这种做法说起来是要维护孝，其实已完全丧失了孝代表的血缘伦理的精神，不仅不可能发挥和同人际关系的作用，反而会激化各种社会矛盾。

家族伦理性的孝与政治伦理性的忠之间的一致性，除了建立在忠臣与孝子性格相通这点上之外，还因为在君主集权的体制下，家族利益受制于君主代表的国家利益。秦始皇统一中国后，郡县制全面取代了分封制，官员也由过去的世袭改为中央任命。在这种情况下，任何家族要想获得超越同类的特殊权势和荣耀，都只有一条道路，就是让子弟求仕。求仕就需要按照以君主为核心的政治规则行事，就需要让家庭范围内的孝给社会范围内的忠让路。传统中国社会阶层相互间有很大的流动性，所谓“三十年河东，三十年河西”，“旧时王谢堂前燕，飞入寻常百姓家”。无论多么显赫的家族，三五代之后，往往都没入庶民之列，反之，许多新的朱门大户会从穷街陋巷间崛起。这种频繁的阶层流动很重要的来源，就是朝廷从民间取仕的制度。先是汉代的察举制度，后有魏晋时期的九品中正制，最后则落实为隋唐以后的科举制度。因此，对家族来说，真正能够带来巨大收益的孝行，不是冬温夏清的孝行本身，而是出将入相、建功立业的大忠的辉煌。表现在对子弟的教育上，就是强调“精忠报国”，是强调不忠即为不孝，是在忠孝不能两全时，宁可牺牲孝而务必保全忠。对子弟的这种忠君报国的教育，固然有道德本身的动因，但在道德动因后面，应该看到，还隐藏着深刻的利益动机。自古引人注目的贤母，多为寡母，她们教子过程中的深明大义，往往令人感喟不已。但人们往往没有意识到，这种大义，事实上与父家长早逝给家族生活带来的压抑感，及相应的中兴家族的强烈渴望分不开。

吸取秦王朝覆灭的教训，汉代统治者做出了诸多政策调整。这其中就包括正面标举“以孝治天下”的口号，这对缓和秦王朝统治时期全面趋于紧张的社会关系、建构稳定的秩序，起到了积极作用。汉朝统治者的“孝治”政策，首先是以身作则，天子本人树立起孝子的榜样。唐代学者颜师古（581—645）说：“孝子善述父之志，故汉家之谥，自惠帝以下皆称孝也。”（《汉书·惠帝纪》注）所谓“谥”，即谥号。《逸周书·谥法解》说：“谥者，行之迹也；号者，功之表也。”谥号就是古代帝王或大臣死后，朝廷综合考察其行事为人，为了表示褒贬而授予的称号。这种称号按规定，应由礼官议定，由群臣上奏，最后请新君裁决。可以想见，通常情况下，谥号都是文、武、圣、仁之类美称。汉代朝廷因为“以孝治”，所以对帝王的综合评价，都强调其孝悌之德，如孝惠帝、孝文帝、孝景帝、孝武帝、孝昭帝，直到孝哀、孝平等，受此传统影响，东汉诸帝谥号亦复如是。

皇帝谥号不仅是个称呼，而且联系着一系列具体政策的颁布实施。惠帝、高后、文帝时期，朝廷多次下诏，奖励孝悌力田者。文帝诏令中说：“孝悌，天下之大顺也。力田，为生之本也。”（《汉书·文帝纪》）景帝继位，曾诏告天下，称扬文帝恩德说：“孝文皇帝临天下，通关梁，不异远方；除诽谤，去肉刑，赏赐长老，收恤孤独，以遂群生……朕既不敏，弗能胜识。……孝文皇帝……德厚侔天地，利泽施四海，靡不获福。明象乎日月，而庙乐不称，朕甚惧焉。”为此，仿周制建立了宗庙制度，以“永思孝道”。孝悌与力田似乎一是精神文明建设，一是物质文明建设，看似两不相干，实则二者间有密切的内在关联。

历史学家钱穆（1895—1990）曾谈到，农耕与商业活动反映到人们的气质性格方面，会有不同的结果。商业起于内不足，不足则转而外求，因此形成流动、进取之性格。农耕可以自给，无事外求，而且要求固守一地，反复不舍，因此反映为性格上的静定、保守。滨海地带，人们所凭以为资生之地，不仅感其不足，甚至感其之为阻碍，因此往往有强烈的战胜与克服对象的动，反映在性格气质层面，商业民族对外在他者往往先具敌意，注重内外、人我之分，因而有对所谓自由、独立之类观念的崇尚；农耕所依赖者，为气候、雨泽、土壤之类，这些都不是人力所能决定的，而只能信任或祈盼冥冥中的超世间的力量的安排，由此养成顺应、平和，注重物我一体、安分守己之类的性格。[①]这种性格与孝悌伦理的精神当然是相通的。所以农耕的生存方式，从根本上决定了孝悌的伦理精神，而孝悌的伦理精神，反过来也使农耕的生存方式更为稳固。在这样的历史背景下，就可以理解，西汉王朝乃至历代封建王朝，对商人的商业活动大都采取歧视与压抑的政策，这绝不是单纯政治的问题，而有其深厚的社会文化土壤。这种官方态度也影响到民间，形成了诸如所谓“商人重利轻别离”“无奸不商”之类的习惯性偏见。事实上，商人的职业特点与适应于农耕生活方式的孝悌伦理，确也有其不够融通之处，因为从商者甚至连“父母在，不远游”这种最基本的要求都达不到，更何谈冬温夏清、昏定晨省？

“以孝治天下”作为基本国策而确立，同儒家宗法伦理从五伦到三纲的演变是相应的。五伦亦称五常，意指人际间五种基本关系，即君臣、父子、夫妇、兄弟、朋友。“常”，是强调人不应亦不能逃避这些关系。五伦说的关键，是反对放弃对家庭、社会、国家的责任，反对出世。墨氏兼爱，有离开家庭的趋势，杨朱为我，有脱离社会的趋向，所以儒家反对他们。理学批判佛教，也主要针对他们脱离家庭、社会、国家的生活方式。五伦观念对维护稳定健康的社会秩序，有其积极意义。但君君、臣臣、

---

① 参看钱穆：《中国文化史导论》，第2—4页，商务印书馆，1994年版。

父父、子子、夫夫、妇妇，这些规范都是相对的，现实中的人各不相同，这些相对的规范中也就潜含着另外的可能性，那就是君不君，则臣亦不臣，父不父，则子亦不子。孟子就是按照这样的逻辑分析判断历史的："闻诛一夫纣矣，未闻弑君也。"（《孟子·梁惠王下》）纣的表现不符合君主应有的要求，臣子也就没必要把他当君主对待，杀纣和杀寻常人"一夫"没有区别。这样一来，人伦与社会秩序的基础，就缺少坚固性。所以《韩非子·忠孝》中抨击儒家说："天下……皆以尧舜之道为是而法之，是以有弑君，有曲于父。"意思是天下的人都认为尧舜之道是正确的而去效法它，所以有杀死君主、悖逆父亲的事情发生。三纲之说，就是为了补救这样的弱点。

当代哲学家贺麟（1902—1992）认为，三纲说要补救相对关系的不安定，进而要求关系者一方实行单方面的爱，履行单方面的义务，也即要求臣、子、妇尽单方面的忠、孝、贞的绝对义务，以免陷入讨价还价的不稳定关系之中。韩愈"臣罪当诛兮，天王圣明"，之所以深得理学家的赞许，就因为道出了这种单方面的绝对忠诚。"天下无不是的父母"的民谚，体现的也是同样的精神。三纲说兴起后，五常渐渐转而指仁义礼智信五种道德观念，这就使现实的人与人之间的相互伦理关系，变成了人对自己的道德信念的关系。不论对方生死离合，不管对方智愚贤不肖，我总是守住自己的位分，履行自己的常德，尽自己的义务。先秦儒家宗法思想的立足点，在于人和人的关系，汉代三纲六纪之说，其立足点则在人对理、对位分、对常德的单方面的关系。瞽瞍顽劣不慈，舜却仍是敬孝恭顺，以尽自己的孝思；阿斗庸劣不堪，诸葛武侯却仍鞠躬尽瘁、死而后已，以尽其单方面的忠；这就是父不慈，子不可以不孝，君不仁，臣不可以不忠。这样的忠孝，其所满足的，乃是超越现实具体利害得失的道德理想，是纯粹义务性的信仰。这也就是董仲舒所说的“正其谊不谋其利，明其道不计其功”。历史上众多忠臣，苦心孤诣，最终结局却悲壮惨烈，究其原委，都与三纲指导下的人生信念有关。从道理上说，三纲规定的单方面义务，对提升人的精神境界，对帮助人们从世俗交易酬报性的所谓道德中摆脱出来，显出特殊的深刻性。正是基于这样的认识，贺麟说：“我在这中国特有的最陈腐、最为世所诟病的旧礼教核心三纲说中，发现了与西洋正宗的高深的伦理思想和与西洋向前进展向外扩充的近代精神相符合的地方。”[①]这种单方面的义务规定，对维持家庭和社会秩序的稳定，也非通常的契约式伦理可比。但问题是，这种单方面义务的实行，应该建立在个体自愿选择的基础上，否则，它就会在实践领域蜕变为政治专制的装饰。而在传统社会的历史条件下，个人权利的观念不可能充分发育，因此，对绝大多数人来说，“三纲说”在实践中所起的作用不是促使他们超越现实的功利境界，感受高度理想主义的精神自由，而只是君主或家长代表的外力压制的借口。就此而言，其在实践中的效果，就往往与法家的君主绝对专制主义思想划不清界限。

① 贺麟：《五伦观念的新检讨》，《文化与人生》，商务印书馆，1988年版。

二 风化

孔子说过，“君子之德风，小人之德草，草上之风，必偃。”（《论语·颜渊》）意思是说，领导的行事为人就像是风，老百姓的品格为人就如同草，风向哪个方向吹，草也就跟着向哪个方向倒。因此，历代统治者都非常注意所谓“风化”，对于民间出现的各种符合其政策意图，能起到有益导向作用的现象、行为、人物，尽可能地加以宣传弘扬，以期产生广泛的教育效果。汉代初年，统治阶层吸取秦朝灭亡的教训，采取与民休息的政策措施，尽可能地减少政府对人民的干涉剥夺，从而有效地缓和了社会不同阶层的矛盾。但是对于如何从积极的方面强化统治秩序，统治者经过反复比较探索，最后还是决定采用儒家的宗法伦理思想，所以有了武帝时的“罢黜百家，独尊儒术”。儒家宗法伦理思想的核心就是孝悌，为了让这种观念深入人心，汉代统治者借助各种可能的途径，对百姓进行宣传教育。

由于官方的鼓励，社会上涌现出大量的孝子、孝女、孝妇典型。《后汉书·列女传》中载有若干孝行的楷模。孝女曹娥，会稽上虞人。父曹盱，擅长乐器歌舞，以巫祝活动为生。有一次逆风迎请河神，不慎堕入水中溺死，连尸骸都没捞到。曹娥时年十四，对着江水放声号啕，昼夜不绝。哭了七天，悲痛不已，投江自尽而死。地方官知道了她的孝行，乃改葬于江南的路边，立碑表彰。曹娥的做法，虽非明智之举，考虑到年龄幼小，各方面都不成熟，在失去父亲的悲痛打击下，一时冲动，还是可以理解的。但在竞相为孝的社会风气推动下，往往出现悖逆常情的极端个例。如叔先雄，据说是犍为郡（治所约当今云南昭通）人，父亲名泥和，永建（汉顺帝年号，时当公元126—132）初年在县里做功曹，受命谒巴郡太守，乘船途中不慎堕入急流中丧生。先雄悲痛不已，号泣昼夜，常有自沉之念。唯虑及一子一女，年仅数岁，不免犹豫。但后来还是做了两个布袋，装上珠宝拴在孩子身上，说了些诀别的话，乘船到父亲遇难的水面自尽了。这不仅是愚孝，而且是不负责任了。父亲已死不能复生，而子女年幼正待慈母抚爱，在这样的情况下，叔先雄的举止除了让人感到痛心外，还令人生出愚不可及之感。官府对这样的做法进行表彰，尽管不一定就意味着赞同她的具体做法，而是要弘扬她的孝心之诚，但客观上必然导致整个社会孝悌观念的走火入魔。

汉代之后，历代王朝都重视风化，由官方予以表彰的孝悌模范愈来愈多。《二十四史》也多立烈女传、孝行传之类。如唐代，官府不仅表彰，而且大量为各种极端的孝行立阙、立牌坊。阙是立在宫庙和墓门旁边的柱子，一般有两根，有些上部还用飞檐罘罳连接起来，谓之连阙。牌坊又称牌楼，用木、砖、石头之类材料建筑，形如门洞，立于寺庙、陵墓、祠堂或街头路口等处。这些纪念性建筑因为存续时间长，引人注目，所以影响也大。皖南徽州地区现在还存留着一些明清时期所立的牌坊。孝行作为亲子之爱，本是内在感情的自然流露，应该让人感到温馨体贴，但在转化为社会性的意识形态之后，正常健康的孝行不再引起注意，人们津津乐道的往往是病态的做法，所以很多孝行故事总给人惨烈的印象。再如《新唐书》中有传的一位李姓女子，八岁时父亲早亡，她殡父于堂十年，朝夕供拜，成年后，母亲让她考虑婚事，她将头发割下来，表示要终身孝父。后来母亲过世，她在墓地旁边搭建庵棚居住，蓬头跣足，背负泥土，护持维修坟茔。武则天时，按察使薛季昶表彰了她，皇帝也下诏，在门闾建阙，使她的孝行更广泛地传播。孝悌风化，还常常借重文艺形式，以利传播。魏晋隋唐时期，就有不少崇尚孝悌伦理的文士，用诗赋的形式歌咏礼赞孝子模范，宋元以后，小说戏曲勃兴，更是对向民间灌输孝悌观念发挥了特殊作用。

孝悌观念的灌输，不仅通过一般性的风化，而且也成为正规学校教育的基本指针。儒学确立了独尊地位之后，汉儒一方面大力推崇儒经，另一方面则对其他非儒思想及各种专门性的知识予以贬低。董仲舒称："说不急之言而以惑后进者，君子之所恶也。"（《春秋繁露·重政》）意思是说，教育活动应紧紧抓住宗法伦理的根本，以免其他枝节性的知识观念干扰了受教育者的思想。扬雄持同样立场："天下小事为不少矣，每知之，是谓师乎？师之贵也，知大知也，小知之师，亦贱矣。"（《法言·问明》）他之所谓"大知"就是仁义礼智信这些人伦原则，其中尤以孝悌为根本，而"小知"则是指各种专门性的知识和技术。王充是思想比较开放的人物，在这个问题上也没有超越习惯的窠臼，片面诋斥所谓"无经艺之本，有笔墨之末；大道未足，而小伎过多"（《论衡·量知》）的现象。经过儒家学者特别是朝廷的努力，以孝悌精神为核心的儒家经典，确立了作为主导意识形态的地位，先是《诗经》《尚书》《仪礼》《周易》《春秋》设博士，后来加上《孝经》《论语》，总称"七经"。普通士子要接受经典教育，皇太子也照样要认真研习，用以指导自己。如孝昭帝就自称“通《保傅传》《孝经》《论语》《尚书》”（《汉书·昭帝纪》）。

统治集团是从政治需要的角度，接受利用儒家宗法伦理思想的，所以，其对孝悌的弘扬，最后也必然落实到以君主为核心的政治道德，即忠上面。汉代以后中国社会中实际产生影响的孝观念，与先秦儒家家族本位的孝悌观，两相对比，变化相当明显。孔子肯定了因为需要照顾老父而从战场上逃跑的行为，韩非曾就此批评他。后来的君主表面上尊崇孔子而诋斥韩非，事实上，他们接受的却无疑是韩非的思路。按他们认可的说法，君主代表着国，尽忠于国，才是真正的孝，不忠就是不孝。为此而树立的贤母典型，其对子女的人伦教育，也总是以忠为核心，突出的如《说岳全传》中塑造的岳母。表彰愚孝的动机，实则是在造就愚忠。君叫臣死，臣不得不死；父叫子亡，子不得不亡。这种把父子关系中的不平衡发展到顶点的愚孝愚忠理论，就其实践意义而言，只能是替君主的独尊地位提供理论根据。父子的孕育在自然亲情中的关系，不可能形成如此剧烈的生死矛盾；必置对方于死地的斗争，通常存在于政治性的君臣之间。这种对臣的单方面伦理规范，当然给君主权威的膨胀提供了广阔的空间。我们看到，这种体制发展到最后一个封建王朝——清朝时，即使位极人臣的一品大员，在皇帝面前也不能称“我”，而必须自称奴才。

孔子及早期儒家的“风化”观念，与“德治”思想是联系在一起的，本来主要是针对在上位者即对君主的要求。君主一身系天下国家社稷的兴衰安危，其心念行事，无不具有广泛的社会影响，所以应该从严要求，以为天下表率。相应地，一州一县之内，则知州、知县赋有同样的职能。所以，在早期儒家看来，“有位”之“君子”尤需“有德”，这样才能引领社会风气向健康的方向发展，否则，“有位”者带头背弃礼义人伦，其害较之无名无位之“小人”尤烈。正是基于这样的思维逻辑，所以汉代时，一旦天下发生了水涝火旱之类灾情，首先必须是天子下“罪己诏”承担责任。但发展到后来，随着君主专制地位的日益强化，无论“德治”还是“风化”，都似乎渐渐演变成了主要针对普通百姓的道德规范，所以才会有一方面是特权阶层荒淫无耻、贪欲无度，另一方面，却是民间社会下层百姓中充斥着各种愚忠愚孝行为的情形。在这样的情形下，所谓孝悌忠顺之类“德”，事实上就蜕变成了统治者维护自我权威的手段和工具，这和早期儒家学者的观念有了本质性的区别。

三　举孝廉

针对梁漱溟关于传统中国不是阶级社会的说法，学术界还有不同认识。但如果拿传统中国与古希腊罗马比较，则明显发现，前者内部的利益分化，及在这种利益分化基础上确立的阶层划分，始终没有冲破家族血缘伦理的包裹。所谓“四海之内若一家”（《荀子·议兵》），反映的就是这种现实。既是“一家”，按当时人们的想法，就应该没有根本的利害冲突，重要的是如何增强凝聚力，大家齐心协力把事情做好。要齐心协力，就需要共同的核心，一元化的领导。所以说人们普遍相信：“权出一者强，权出二者弱。”（《荀子·议兵》）那么谁有资格充当这唯一的权力核心呢？社会寄生于“天下”之中，有权决定谁治理社会的只能是“天命”。但实践中往往“天命”渺渺，其意难考，所以要证明自己“天命所系”，必须靠实力。“胜者王侯败者贼”，用实力打败了其他竞争对手，就说明自己是“天子”，受“天”的委托来治理万民。项羽在楚汉相争中失败了，而刘邦胜利了，这就说明刘邦是“真命天子”，无论他的为人多么无赖，多么不像个英雄。司马迁将项羽传归为帝王类的“本纪”，那表现的只是某种个人感情上的惺惺相惜。因此，在这种社会中，难以建立起多种不同政治力量同时并存、相互制约的权力格局。合法的政治代表永远是唯一的，如果有两个，那其中必有一个是试图分裂“家”，挑动不睦的僭越者。

在同时存在多个不同政治代表的多元性社会里，不论谁，都很难摆脱其他力量的制约，完全依照自己的意志规范社会的发展。在这样的体系中，重要的是建立起什么样的机制，使相互对抗的政治力量达成良性互动，由此导致人们观念上对于游戏规则——制度的重视。这就是所谓法治社会。相反，在单核心的社会政治格局中，当权者以共同体唯一代表的面目出现，他不需要面对有实质意义的外在约束，因而其意志、观念、品质等因素，在一定时期，对社会的发展就会产生决定性的影响。这样的现实机制反映到政治理念上，就是对政治领导人主观素质与品格的极端重视。这就是所谓人治社会。

缺少有力的外在监督，吏治的好坏主要依靠当政者的自我约束，所以人治社会对领导者的个人品格给予特殊的重视。首先是君主，但君位的转移系于天命，对现实的人来说，只能在接受天命的前提下进行努力，这种努力就是劝谏。当然，个别情况下，也有教育的可能，如程颐恰巧充任君主的老师，就是这样的机会。其次是各级官吏。官吏是人为选拔的，所以传统政治哲学运用在人的问题上，着重的是官吏的选拔方式和途径。官吏在其治理范围内，对百姓来说也如同君主，是决定其命运的“天”或“父母”。要想保证百姓的幸福，首先要保证官吏的品质，知识才能则在其次。那么官吏的品质中最重要的是什么呢？那就是仁，是孝悌。在家庭中养成了敬孝父兄的性格习惯，在政治生活中自然就能服从领导；就为官治民而言，也是如此。孝悌为人之根本，如果一个人连自己的父兄都不放在心上，怎么可能期望他对其他人充满爱心？让这样的人来掌管百姓的生命祸福，无异于让狼去牧羊。只有首先爱自己的父兄，然后在此基础上推己及人，不断提升自己，才可能达到民胞物与的胸襟和境界。所以，随“以孝治天下”口号流行的，是孝亲观念对官吏选拔机制的影响和渗透，而这种影响渗透反过来又有力地引导了全社会范围内的价值理念和情感方式。

孝悌本是表示德行品格的概念，但在汉代同时也成了乡官的名称。《汉书·文帝纪》引文帝十二年诏令说：孝悌是道德的楷模，力田是人们生存在世的根本依靠，三老是百姓最切近的老师，廉吏则是为人品性的表率。有些县户众甚多，却说找不出孝悌力田者上报朝廷，这只能说明当地官员查访贤能的方法不够周备。现在要派专门的人去赏赐乡间的三老与孝悌力田，要根据各地户数的不同，增加孝悌力田及三老的设置，让他们根据具体情况引导风化百姓。从这段诏令看，孝悌力田虽没有进入国家正规的统治机器，却成为某种由朝廷认可的体制性设置。这意味着“以孝治天下”的理念，开始得到组织上的落实，而“举孝廉”制度则是这种组织落实的进一步正规化的发展。

任何政权机构都存在着干部选拔任用机制的问题，这种机制对当时社会的心理意识趋向，会产生强有力的导向作用。春秋之前，占统治地位的是分封制，各级卿大夫和天子一样，都实行嫡长子继承的世袭制度。春秋之后，礼坏乐崩，历史处在转型过程中。秦国变法的重要内容之一，就是以郡县代封建，郡县长官经由君主任命产生，获得任命的途径各种各样，如军功、向君主进言献策等，但总体上看，秦国在其短短的历史中，没有来得及形成稳定明确的官吏选拔任用机制。西汉初年，受任用者多为随高祖马上打天下的将军及追随的儒生，当然还有专业人员性质的前朝文吏。随着时间的推移，探索稳定的官吏选拔机制的问题，开始摆在汉朝统治者面前。察举制度就是在这种背景下形成的。察举制度的形成，约当文景之时，它和征辟制度一起，成为汉代朝廷官吏选拔的基本渠道。

察举是一种推荐制度，即各地方州郡的长官，有责任定期按科目要求向朝廷贡奉符合要求的士人，以备任用。征辟则指由皇帝直接征召影响大的志行高洁之士，在经过适当的策试后加以任用。其中察举属于常规，征辟相对来说属于例外。汉代察举有贤良、明经、尤异、秀才、孝廉等诸多科目，其中又以秀才和孝廉最为重要。西汉朝廷在大力表彰孝悌的同时，征辟士民也以“孝廉”作为最基本的科目，自武帝元光元年（前 134）“初令郡国举孝廉各一人”（《汉书·武帝纪》）之后，孝廉乃成为察举的定制，而且征选范围不断扩大。东汉在指导思想上，秉承“以孝治天下”的观念，继续坚持察举和征辟的选官制度，只是与西汉时期比较，“孝廉”一科的地位更加突出，所谓“汉制使天下诵《孝经》，选吏举孝廉”（《后汉书·荀爽传》）。东汉选士分四类，一类是德行高妙、志节清白者，二类是熟悉儒家经典，能充任博士者，三类是通晓法律，能断案决疑者，四类是刚毅多谋略，遇事不惑者。各类人才或以德胜，或以法胜，或以才胜，但按要求，孝悌廉正是各类人才都必须符合的共同要求。

“孝廉”的标准，大体含孝、悌、廉、公四个方面，就历史实际看，主要落实在孝悌上。只有那些恪守忠孝伦常的士人，才有资格得到荐举或被征辟，才有可能步入统治阶层。这样的选官条件，在官本位传统深厚的中国，对整个社会的道德风尚及人们的根本价值理念，都产生了重大影响。即这样的选官制度确实强化了社会人际关系中的孝悌之风，也确实将某些德行高洁之士选拔到了当政位置上，对改良吏治起到了积极作用。如《后汉书》为其立传的韦彪：“孝行纯至，父母卒，哀毁三年，不出庐寝。”到丧期结束之时，因长期悲凄过度，以致“羸瘠骨立异形”，医治数年才完全恢复。好学博识，时论以为一代儒宗。建武（25—56）末被举为“孝廉”，政声颇佳，得到同侪的仰慕。再如同样入传《后汉书》的桓鸾：自幼有高志，衣食寒素，不求余财。看到现实黑暗，州郡地方官员多非其人，耻与为伍而未求仕。太守向苗乃德行之士，举荐了桓鸾，被任为胶东令。刚到任而向苗去世，桓鸾不顾遥远，离职来奔丧，三年后才离开。后来做过几个县的父母官，都得到当地人的高度评价。

权力和利益密切联系在一起，将孝悌与人的升迁际遇联系起来后，孝悌就不再只是内在心性情感的流露，也不再只是伦理规范性的义务，而成了可以换取巨大回报的手段。“举孝廉”作为选官制度的正规化，无疑向士人发出了这样的暗示，即只要得到舆论对自己孝悌品格的认可，就有可能满足功名富贵的梦想。所以当代历史学家陈寅恪（1890—1969）说东汉时期的士人，做学问的，注重师法，重品行修养的，则须以孝友礼法见称于宗族乡里，然后州郡长官加以征辟举荐，这才能够通达显要。无论征辟还是举荐，行政长官都必须参考社会舆论，被择选的人必须得到乡里公论的认可。在这种情况下，有意识地炒作自己，通过各种包装赢得孝悌廉正之类的声誉，以达到被“举”或被“征辟”的目的，就顺理成章地成了士人绞尽脑汁钻营的课题。流风所及，往往是擅长捏造鼓吹、相互援引的虚名之辈致位通显，而直笃之士却只能困顿僻壤。前文述及愚孝现象，事实上与愚孝相伴而更普遍的，可能还要数伪孝。到东汉后期，所谓乡里公论已完全堕落，成了趋炎附势之徒谋取利禄的工具。孝悌伦常在这样的格局下，也往往成了伪善无耻之徒的代名词。基于这种情况，魏晋之后，新的九品中正制开始渐渐取代察举制度的地位。但“举孝廉”作为最早的政治选拔制度，对传统中国社会价值取向的影响，却是长远的。直到明清时期，人们还习惯性地称举人为“孝廉”，就是很好的说明。

司法里的孝悌

孝悌是血缘亲情，更是长幼尊卑亲疏的等级差异。这种基于亲属关系的差异，同社会中基于智愚贤不肖的差异一起，在传统中国人看来，提供了健康的社会文化秩序所必要的前提。因为差异乃自然之理。荀子说，“物之不齐，物之情也”（《荀子·荣辱》），人情亦如是。俗话说，隔一层，差一层。李斯分析周之封建崩解的原因时，曾提到“后属疏远”。随着血缘联系渐行渐远，其对人们相互间的凝聚作用，必然相应减弱。勉强将路人与兄弟等同，实践中导致的，可能不是爱路人如兄弟，而是（不）爱兄弟如路人。墨子兼爱之说的荒谬就在这里，它违背了人情的自然。人际关系上的差异基于自然，却不能纯任自然。个体情况千差万别，有的能够顺应自然，有的却缺少这种自觉。所以，由人情（仁）而礼法的推衍理所当然。孔子强调的，是由情而必然礼，荀子则更现实，意识到对具体人来说，规范性的礼不可或缺，所以他更倾向于把礼说成礼法，因为法暗示着权威和强制。

一　春秋决狱

《韩非子》中有个故事，说是姜太公被分封在齐国，勉力为治。东海上有狂矞和华仕兄弟二人，互相约定说：我们不臣服天子，不结交诸侯，自耕自食，无求于人，不稀罕俗世的浮名，也不贪图君主的俸禄，就这样逍遥自在地度日。太公听说，马上派人把他们抓起来杀掉了。这是太公治齐首开杀戒。周公在鲁国听说了这件事，赶紧把他喊来责问道：这兄弟俩是贤人，你为什么要杀他们？太公解释说：这弟兄两个相约不臣服天子，不结交诸侯，不可能为我所用。他们自耕而食，无求于人，我的赏赐对他们发挥不出激励的效用，我的刑罚也对他们发挥不了威慑的作用。先王之所以能够凝聚天下百姓，靠的无非是爵禄和刑罚，如果这些东西都失效了，我还怎么领导国家呢？所以要杀他们。

儒家著作中也能找到类似议论。《荀子》记孔子在鲁国代理宰相，上台第七天就杀了少正卯。他解释原因说，最不能宽恕的罪过有五种，一是心智聪明却用心险恶，二是行为怪异却非常固执，三是观点荒谬却善于狡辩，四是津津乐道于各种邪僻的奇闻，五是赞赏错误的言行而且能够加以润饰。五种罪过具备其中之一，君子就有责任予以诛杀，现在少正卯兼有之。他的居处能够吸引很多人，言谈迷惑了许多百姓，个性强毅，也不可能劝其弃邪归正，凭这些条件，他完全能够在适当的时候带头作乱，所以不能不杀。两个故事的史料依据都不够充分，却很生动地反映了传统中国社会的法律观念，及当政者在司法过程中拥有的极大伸缩余地。

西方意义上的法律，同平民对统治集团的抗争密切相关。法律的内容，是被统治者在长期斗争中，从统治者手中争取到的一点一滴的权利的巩固和积累，是双方相互妥协的产物，因而，具有契约的性质。因此，无论英美法还是大陆法，都隐藏着两个立足点，一是如何限制统治者及政府的权力，一是如何保护公民的权利。与此不同，中国最初的“法”称“刑”，与“兵”互训。“兵”者，征伐鏖战之事也。早期社会的不同部族，处理相互关系时，往往借助武力征讨，“兵”反映的就是这种现实。后来，不同族群融合了，阶级分化也加剧了。在融合后的共同体中，征服者成了贵族，被征服者成了平民甚至奴隶。贵族相互间都有血缘关系，是“自家人”，靠“礼”来调整维持秩序。“兵”本来适用于外部，现在，当它转而适用于平民和奴隶以维护贵族集团的威权时，就转化成了“刑”，只不过从形式上说，“兵”只有征伐一种，“刑”却分化为所谓“五刑”。战国时，为适应社会关系复杂化的要求，“刑”发生了变化。先是李悝写了部《法经六篇》，被用作魏国的法典。后来商鞅相秦，又改“法”为“律”，颁布“秦律”。于是，世有“法”“律”之名。[①]名称变了，精神没变。首先，无论“刑”，还是“法”或“律”，都不是两种或多种力量对抗基础上相互妥协的结果，不具有契约的性质；法律由当权者自主制定，他们当然不愿意作法自缚，而只想借助法律有效地巩固统治秩序；由此生长出的法律体系，只是工具，或说是统治的技术，而与权利无关。其次，法律的引用和

① 参看梁治平：《“法”辨》，《中国社会科学》，1986年第4期。

解释，不必受严格的形式主义的拘束，官员可以结合具体情况，从有利于维持统治秩序出发，灵活地掌握罪与非罪、重罪与轻罪的界限。最后，“刑”“法”“律”的意义都是消极的，是正常礼制秩序的辅助，只在出现破坏性因素时，才作为威吓与惩罚手段发挥作用。

汉代流行“春秋决狱”，即把儒家经典《春秋》作为断案的依据，“原心定罪”是其基本原则之一。用心良善之辈，即使违反了法律条文，也可以不罪或轻罪，用心险恶者，即使形式上没有违背法律条文，也可以罪乃至重罪。姜太公杀狂矞和华仕，孔子杀少正卯，都是这种司法理念的很好说明。太公看重的是影响，如果天下百姓都追慕兄弟二人之所为，则必纲常崩溃，王道无存，为了整个社会的稳定，只好诛杀他们。孔子进一步强调了用心，少正卯居心叵测，而又长于蛊惑百姓，这种人的存在本身就是不安定因素，所以诛杀他是符合法律维持礼制秩序的根本精神的。用心是善或恶，当然很难由条文来规定，也不能听信每个人的自我申明，只能由官员在司法实践中用心体察，所以，司法者拥有超乎寻常的决定权。

不重具体法律条文，而予司法官员以极大的伸缩自由，这种做法的合理性，推测起来大体依据三方面：一，刑不上大夫，翻译成现代语言，就是刑罚不适用于人民内部矛盾，而只针对敌人，既是敌人，就谈不上什么权利不权利的，因此用不着顾及他是否形式上触犯了某条具体的法律，而关键是看他用心的险恶程度，提前防范、惩治，只有这样，才能“绝恶于未萌”，最有效地保护社会的利益；二，法律不是用来保护坏人的，过分拘泥法律的具体条文规定，那么坏人如果在合法的形式的掩盖下做坏事，就很难予以有力打击，所以不能因为对坏人的判决违背了具体法律条款，反过来就追究判决者的责任；三，也是最核心的，当权者是否会利用手中的权力，诬良为盗，将“人民”的忠敬之心说成“敌人”的奸险狡诈之志，将内部矛盾错划为敌我矛盾？回答是不会，因为官员与百姓间的关系，是父母与儿女的关系，官员就是代表百姓根本利益的，“虎毒不食儿”，父母错打儿女偶或有之，至于故意陷害，绝无可能。

这就说到中国特有的一套政治伦理。《尚书》中说：“天子作民父母，以为天下王。”天子是全国诸侯之君，同时又是宗法体系中的大家长，各地方长官则对下属范围内的百姓，形成次一级的家长和家庭成员关系，所以称“父母官”。这就是“天下一家”。汉以后，历代王朝在意识形态领域，大都是坚持以孝治天下，以“君”与“父”相拟，百姓在这种文化气氛中，往往被培养出对“君父”所代表的政权体系的依恋之情。所以连庄子也感叹忠与孝是无所逃于天地之间的“命”。在“家天下”的范围内，人们相互间既有血缘或拟血缘的关系，都是“自家人”，行事做人讲究的就是人情物理，就是“礼”。“礼”重视感情、用心，而非什么协议、约定、权利。“礼”被传统中国人看作文明与野蛮，乃至人与禽兽间的基本分野。认同“礼”的，应依“礼”相待；不认同“礼”的，在外部是谓夷狄即野蛮人，在内部是谓乱臣贼子，都属于异端，对这些人没有什么公平权利之类可言，人人可得而诛之。当然，可能接受风化教育而转变立场的，又当别论。因为，既然转变了立场，也就变成了“自家人”。就此而言，不教而诛也是不对的。但如少正卯、华仕兄弟那种并非盲从别人，而是有自己坚定意向的“首恶”，是无法被教化的，只能及时诛杀，以免贻害他人，这也是对子民的爱护。

“天子”及各级“父母官”对乱臣贼子有“教而后诛”的责任，对良善之辈或说“子民”，有悉加爱护的义务。就百姓言之，从价值观念上说，他们相信自己有义务守“礼”，而“礼”的实质就是对从“天子”到“父母官”直至“父母”的敬爱感念之情。这样就能理解，给司法者以莫大之权，只会更有利于保护子民，而有效地打击乱臣贼子。因为一方面，子民都对司法者充满敬爱感念之心；另一方面，司法者又身为子民的“父母”，这种关系，即使没有任何外在的约束和监督，处于强势地位的司法者也不会有意屈冤受审者。只能是当孩子无意犯了过失时，父母用心体察其用心，而将其与真正的坏人区别开来，妥加保护。

实践中当然也有“父母”大人一时失察，甚至有意识贪赃枉法、贤愚忠奸颠倒的时候。针对这样的困难，传统伦理的解决办法大体有三。一是，一层“父母”偶或失察是可能的，但往上还有层层“父母”，直到九重天上的圣天子，相信这一层层的圣明终能照亮真正的蒙冤者；二是需要特别注重各级官员的能力特别是道德素质，其中又以“圣天子”最为关键，尽力培育他们一颗爱民如子、诚惶诚恐之心。儒学之所以特重心性修养问题，就是因为看到了这方面的危险；三是就“子民”方面来说，受了冤枉，可以适当方式申诉，可以企求更高级的“父母官”予以平反，却不可因未得平反而对整个司法制度和作为制度象征的“天子”表示怀疑。这种怀疑违背了“子民”的应有德行，违背“子民”的德行要求则反过来意味着他本来就是人人得而诛之的乱臣贼子，当然也就不存在什么冤枉的问题了。所以，即使仅仅为了证明自己的冤枉，“子民”也要保持对长上的忠厚爱敬之德，所谓“怨而不怒”就是这个意思。臣子们无辜遭杀头时，还要谢恩，也有这层意思。

传统政治的这种伦理化设计，实质是将人际关系的平衡，建立在对亲情的凝聚力的信任基础上，这对增强社会的向心力，对于培养民胞物与的文化献身精神，乃至对避免脱离生活实际的司法形式主义，当然都有积极意义。但其消极之处也很明显，第一，主政者权力缺少约束，在上下级关系中，下级对上级往往只是被动地表现与迎合的关系，双方不能构成良性互动，不利于社会发展；封建官僚体系内部，也有自上而下的监督，但就整体而言，始终没有有效的外部制约和监督机制；第二，将天下的命运系于天子个人的才德，将某个地区的命运系于主官个人的才德，往往陷入一治一乱的循环；第三，臣民作为个体的生存权利不能获得切实的保障。

二　父母官

古代中国的司法权与行政权缺少分化，旧戏台上往往看到，作为一方行政首长的知县，升堂审案，而看不到现代意义上的法院，原因就在这里。不仅司法权和行政权缺少分化，而且基于政治管理职能的国家公权力和基于血缘亲属关系的家长权力，也密切地联系在一起。

父家长一直保持很高的地位，并由此演化出近世的族权，很重要的原因在于，这种家族内部的权力得到了国家法律的承认和保护。按惯例，每家都应设家长一人，“祖在则祖为家长，父在则父为家长”（《清律辑注》），数代同居的特大家庭，则每一代人都设一名家长，到近代则往往是各房子孙分别选出一人主持本房的家事，谓之“房长”。家长的权力是不可挑战的，“家无二主，尊无二上”（《礼记·坊记》）。“凡诸卑幼，事无大小，毋得专行，必咨禀于家长。”（朱熹《朱子家礼》）家长的这种地位有明确的法律依据，如清代法律就有“家事统一于一尊”（《清律辑注》）的条文，中华民国时期的《民法》还规定：“家置家长，同家之人，除家长外，均为家属。”“家务由家长管理。”

家长权与国家的司法权有共同的目标，那就是维持家庭内部的秩序与和谐，这个任务通常由家长承担，只在家长权力不足时，国家公权才介入予以补充。所以有人打比方说，国家司法权与家长或族权的关系，不是法官和常人的关系，而是法官和警察的关系。理论上只有法官才能判刑处死罪犯，但特殊情况下警察也可以在执勤时打死犯人。传统法律涉及家庭关系的诸多规定，都需要从这样的角度加以把握。国家公权力与家长权能够形成互补关系，是因为它们不仅有共同的目标，而且有共同的基础，那就是礼。礼就是尊尊亲亲，就是孝悌，就是依据血缘亲属身份规定的行为方式，它构成了传统社会家与国相通的秩序基础。国法不过是借助强制所实行的礼罢了，所谓“礼加以刑罚的制裁便成为法律”[1]。在这个意义上，也可以说维护家长权力，是法律及国家行政机关的基本职能，因为没有了家长权，也就没有了礼，没有了礼，孝悌人伦就成了空话，而孝悌人伦成了空话，整个国家的意识形态基础也就丧失了灵魂。

传统社会的国家行政设置只达到县一级，在县以下的广大生活空间中，除凶杀、抢劫等严重刑事犯罪外，日常管理都留给了乡间的绅权，而绅权通常又是和族权及家长权结合的。司马光在《家范》中说：“妻子臣妾，犹百姓徒役也。”虽是比喻的说法，也从一个侧面说明家长在家庭中的地位，有代表国家行使管理职能的意味。基于这种职能，家长对家属，特别是对子女的关系，就不能纯任感情本身的自然而然，而需要形成相对明确固定的规范。家法就是适应这样的需要产生的。《古今图书集成·家范典》中举例说：“江南第一家义门郑氏，合千余口而一家，历千余岁而一日，以其贤祖宗立法之严，贤子孙守法之谨而致然也。”家法的宗旨在维护以父家长为核心的家庭秩序，其精神是孝悌人伦，而其手段则从申斥到责罚直至处死，几乎包含了法律强制手段的各种类型。

家长权的法律地位还体现在，国家权力机构有义务按家长的要求对其家庭成员施以适当的惩处。家长通常提请国家权力施以惩处的罪名包括不孝、违反教令、擅处家财等。俗话有“十恶不赦”的说法，其中第七条就是“不孝”。“不孝”的内容很多，按《宋刑统》的解释，包括詈骂父母、祖父母，供养不周，与父

① 瞿同祖：《中国法律与中国社会》，第325页，中华书局，1981年版。

母别籍分居，服父母丧期间寻欢作乐或擅自嫁娶，知道父母、祖父母过世而不举哀，诈称父母、祖父母亡故，等等。对子孙詈骂父母、祖父母者，最高刑罚可至绞死。媳妇詈骂夫之父母、祖父母的，即使父母不告，官府知道了也要起诉，强迫离异，如果父母提请惩处，则要流放三年。父母、祖父母如以供养不周的罪名起诉，则要判子孙流放两年，如果是媳妇，那则是犯了七出之条，必须被休掉。供养不周的把握比较有弹性，按《礼记》上的说法，对七十岁的人，吃饭时应备有副食，八十岁的人，更需常留美味。普通人家缺少这样的条件，但起码应保证父母的温饱。当然，确因家贫无以奉养的，一般也不予治罪，但强调子女有义务努力创造奉养父母的条件。宋代法律规定，在祖父母及父母在世时，所有子孙都应与之同一户籍，共同生活，接受父家长的管理，这就是同籍共财。只有在祖父母及父母去世，家庭由直系（祖、父、孙）进入旁系（兄、弟、侄）时，兄弟才可以合法地分家异籍，当然也可以继续共居。如果祖父母、父母健在而子孙别籍、异财，要流放三年。这样的规定，当然是为了从制度上维护宗法伦理的孝悌精神，使每个家庭成员时时谨记自己所承担的人伦义务。为了保障家长的这种权力，法律还规定，父母告子女，纵是诬告，亦无须承担责任。

反过来，父母、祖父母无论如何，除叛国、谋杀君父等外，子女不得提起控告。违背这项规定的，最高可判绞刑，被告的父母即使被证明有罪，亦可视同自首而免予处罚。此点到明清时改为适当考虑子孙所告内容的真伪，但诬告者固当绞，而告实者亦仍须受杖刑。不许告父母的理由，在“亲亲相隐”与“为尊者讳”。如《名公书判清明集》中载有南宋时人控父奸妻案，官府未予受理，反判夫妻二人有罪。判词解释说：做父亲的即使不慈，做儿子的不能因此不孝！原告黄十是被告黄乙的儿子，即使果真有所告的事发生，黄十也应该替父亲讳隐，将妻子休弃回家也就足够了，怎么能够到处张扬呢！听信妻子的说辞，助成翁媳间的词讼，以极恶的罪名加诸其父而唯恐不能落实，如此下去，天理人伦势必灭绝殆尽，这样的风气怎能助长呢？

当然，法律给予家长特权，是为了敦厚人伦，对此类亲属相告的案件，视具体情况的不同，司法者可以灵活处理。《宋史·任布传》载任布担任越州太守时，有祖讼其孙“醉酒詈我”，任布初依法判死罪，后祖父悔之，日哭诉于衙门，说是自己年老无子，全赖此孙以为命。任布于是宽赦并释放了他的孙子，但因这样做违背了法律规定，所以上书自劾。另南宋时，有母亲许氏偏爱小儿子，在处理财产时对长子不公。长子不服，用其他理由控告弟弟，弟弟抬出母亲，以不孝罪控诉长子。审问过程中，长子因心情激动，竟当庭说出许氏“不是我娘”的话，坐实了许氏所告的“不孝”，而其所告弟弟事经查与弟弟无关，又涉嫌诬告罪。执法者因而以不孝和诬告罪判以死刑，但被刑部驳回。复审者让母子当面对质，明告原诉之罪的严重足以致死，又加以劝说调解，结果母子三人和好。复审者为开脱长子“不孝”的罪名，据《孟子·告子下》“未审《小弁》之怨，孟子反以为亲亲”之说，解释说，对父母的偏爱产生怨恨，其实是内心想亲近父母的表现，是仁而非不孝，拘于表面词句将怨者以不孝判罪，未免过于固执。明显地，执法者审案过程中，立足于风化，创造条件使母子兄弟能够直接沟通感情，遂使全家“融融怡怡，翻然如初”[①]。某执法者曾总结说：“法意、人情，实同一体。徇人情而违法意，不可也；守法意而拂人情，亦不可也。权衡于二者之间，使上不违于法意，下不拂于人情，则通行而无弊矣。”[②]

对于子女不许告父母的规定造成的实际困难，司法实践中也有一些变通办法。《名公书判清明集》中有一案，寡母听信馆客（宋人对门客中训导童蒙子弟者的称呼）之言，将儿媳尽行赶出，儿子不满，但不能告母，于是呈控门客离间母子关系。执法者查出馆客与寡妇前后往来，饮酒杂坐无间，其写给寡妇的信也词义亵狎，乱男女之别，又查出馆客既往的各种不法，于是将其驱逐出境。执法者的意思，是门客与寡妇关系暧昧，但做儿子的不敢说，官府也就不必追究，这样或者还可以使母子复和。该案中儿子名义上告的虽是馆客，但母亲与馆客的非礼行为经过审查和审判，也无异于受到了申斥。

三　亲族复仇

《孟子·尽心上》记载着这样一场讨论。桃应问孟子：舜做了天子，皋陶为法官，瞽瞍杀了人，在这种情况下，应该怎么办？孟子回答说：这很简单，把他抓起来就是了。桃应不解，说那舜难道不加以制止吗？孟子说舜怎么能够禁止呢？皋陶的逮捕

---

① 《名公书判清明集》，第 362 页，中华书局，1987 年排印本。
② 《名公书判清明集》，第 311 页，中华书局，1987 年排印本。

是有理有据的呀。可舜难道就看着父亲被抓无动于衷吗？孟子认为，舜最终会像扔一双破鞋一样，毫不犹豫地舍弃天子的宝座，偷偷地背着父亲逃走，跑到偏远的天涯海角躲起来，因为能够尽孝而感到十分满足，把整个天下都忘到了脑后。

瞽瞍杀人，皋陶要把他抓起来，舜作为天子不能禁止，但作为儿子却不能视而不见，结果是放弃天子之位，背着父亲逃匿。孟子在这个问题的讨论中，所表达的态度有两点值得重视。一是，面对同样的问题，不同身份的人，承担着不同的义务。瞽瞍杀人，从其既往的所作所为推测，大概并非出于正当理由。皋陶作为法官，对违禁者应绳之以法，不管他是什么人。舜作为天子，应对整个天下负责，维护国家法律，保障社会治安，是他不可推卸的义务。他不应，也不能利用天子的职位为某个人搞特殊化，所以，皋陶抓瞽瞍，他无可奈何。但舜在这个案例中的身份是双重的，即他还是瞽瞍的儿子。作为儿子，舜对父亲有赡养敬孝的义务。这种义务是绝对的，不能因父亲本身的具体情况而有所改变，瞽瞍杀人违法，舜的义务却不因此有丝毫改变。二是，孟子认为，舜在作为天子和作为儿子所应尽的义务相互冲突的情况下，孟子认为，儿子的身份义务优先于天子的身份义务，所以他应该放弃天子之位，背着父亲逃跑。

与舜面对两种身份义务的冲突时以孝悌为先的选择构成对照的，是也有人试图寻求两全。《后汉书·庞涓母传》记庞涓母名赵娥者，父赵安为李寿所杀，三兄弟未及复仇即染疾身亡，赵娥虽为弱女，而以为父母之仇不同天地共日月者也，每夜磨刀，悲涕长泣，终于寻到机会，手刃李寿，之后到县衙自首。受理的司法人员很同情她，劝她逃走，自己甚至愿意为此弃官不做。赵娥不愿意，说是为父复仇是自己的义务，而依例审案，是你的责任，怎么能为了苟活就屈枉国法呢？并申明，既然父仇已报，情愿一死，以维护国家司法权力的尊严。也就是说，从当时的具体法律规定看，已经禁止个人各自寻仇，但从传统的伦理观念说，子女为父复仇的观念仍被人们广泛接受，所以赵娥既要去杀害死父亲的凶手，又自愿接受法律的制裁。就其能够两方面都照顾到来说，她比舜要幸运。以赵娥之案对照瞽瞍之案可知，在舜背负瞽瞍而逃时，必有另一赵娥在到处搜求瞽瞍以复仇。就此而言，舜与赵娥的立场似乎对立，一则助杀人者逃避制裁，一则向杀人者寻仇。但从中国人的心理感受角度言之，看到的却是二者间的完全统一，所以同样予以肯定，同样视为道德的楷模。中国人看重的不是抽象的是非，而是具体的人伦关系和人伦亲情。舜的逃法，也包括逃避被害者的寻仇，是基于孝，他既能放弃天子之位带父亲逃走，就说明，如果反过来，是瞽瞍被别人杀了，他也一定会放弃天子之位而不惜以身试法，替父亲复仇的。所以，舜与赵娥的出发点是完全一致的，他们的立足点，都是在自己的身份与亲属关系中负有的具体义务。

后世通俗文艺作品中塑造的清官形象，往往在面对亲情和国法的冲突时，做出大义灭亲的壮举，但义者总是父兄长辈，而被灭者只能是子孙幼辈。之所以如此，推想起来，概因在中国人的价值系统中，儿女之情属私，为国法（公）而灭是值得弘扬的，但对父母的孝却并非私情，即使为国法（公）而灭，也应受谴责，起码不值得鼓励。所以法律明文规定，子女不得告父母。父母违法而子女告发者，则父母得以自首免罪，而子女以告父母获罪。类似案例甚多，如宋仁宗时，翰林学士苏绅推荐太常博士马端为监察御史，谏官欧阳修上疏反对，理由是马端往年曾经散布其母亲的隐私。身为人子，在家中不能依礼法绝恶于未萌，以致陷母亲于恶行之中，事情发生后又不能替母亲讳隐掩饰，以致母亲最后受了杖脊的重刑。这样的人，根本没有资格做官，更不要说是做法官了。即使天下已经找不到好人了，也应该暂时把这个法官的位子空缺，而不能让马端来做。欧阳修上疏的结果，是马端被调去丹州，苏绅也因荐人错误而被调去河阳。马端的母亲事情泄露后，被处杖脊的重刑，可见罪过很大。但尽管如此，作为子女，却只有容隐的义务，而无揭发的权利。不能自觉容隐父母者其罪如此，对正式将父母、祖父母告官者，惩罚尤甚。如汉衡山王太子爽，因告发父亲而致以不孝罪被处弃市。北魏法律明令子孙告父母者处死刑，唐宋时是绞杀。元朝入中原后，也接受了这样的立法传统，禁止子证父、奴告主。之所以这样规定，盖因孝悌伦理乃中国历来立国之基础，维护这个基础，才是最大的公。

对孝悌精神予以鼓励、保护并立法，随着儒家思想对具体政治实践领域的渗透而日渐充分，所谓“以礼入法”说的也就是这个意思。汉代法律最早对亲亲的容隐做出规定。《汉书·宣帝纪》载宣帝本始四年（前 70）诏令云：“父子之亲，夫妇之道，天性也。虽有祸患，犹蒙死而存之。诚爱结于心，仁厚之至也，岂能违之哉！自今子首匿父母，妻匿夫，孙匿大父母，皆勿坐；其父母匿子，夫匿妻，大父母匿孙，罪殊死，皆上请廷尉以闻。”

同样是亲亲容隐，子孙晚辈容隐父母长辈无罪，而父母长辈容隐子孙晚辈只是减罪，之所以有这种区别，是因为血缘亲情之中，统治集团着力培育的是下对上的孝，而这种孝的意义，在于它直接联系着忠。而谋反、谋逆等罪不适用容隐的规定，就说明了这一点。在家族与君主、国家利益没有根本冲突时，则维持孝的地位，但在孝可能对君主、国家利益造成严重伤害时，则应为忠而牺牲孝，为国君牺牲亲属。唐以后之法律，容隐的范围进一步扩大，不但直系亲属和夫妻，而且所有同居的亲属，都可援引此律免罪或减罪。明清法律更扩大至于妻亲，连岳父母及女婿都列入可以容隐的范围，容隐不但准许消极性地掩饰亲属犯罪情实，而且准许积极地为犯罪亲属通报消息使之逃匿。

无论是舜背着瞽瞍逃跑，还是后世法律规定的容隐，强调的都是血缘亲属，特别是子女基于孝悌精神而对父母应负的人伦义务。从这种义务出发，则构成容隐反面的，就是复仇的义务。在早期社会，复仇是普遍存在的现象，但进入文明时代，司法秩序日渐完善，生杀予夺之权乃为国家权力机构所专属，个人寻仇当然应在禁止之列。《周礼》上的记载是，复仇需经过法定的程序，事先向专门机构申报。汉代法律如前述赵娥故事所显示的，已明确复仇的犯罪性质。此后历代大都有关于禁止复仇的法令。北魏法律甚至规定，私自寻仇者诛灭其族。但因为血亲复仇的观念浸淫日久，断难一时根绝，即使恪守国法之人，往往也难以例外，如前述赵娥。在这种情况下，与立法精神上的孝梯观念相对应，传统法律对违禁寻仇者，倾向于依具体情况分别处理。这种具体情况之最有参考价值的，数血缘亲疏。早期复仇观念以五伦为限，五伦中以君父为最亲最尊，复仇的责任也最重，至于兄弟、朋友之仇，轻重缓急自有很大不同。所以宋律禁止复仇，但对子孙为祖父母父母复仇者，要求判决送呈中央定夺，也就是在保持国家司法专有权的前提下，为子孙之孝悌情感留下适当弹性空间。明清法律规定，祖父母、父母被人杀死，子孙激于义愤，当时将凶手杀死者无罪，但事后再杀，则须杖责六十。

总体上说，随着时间的推移，国家法律有关禁止复仇的规定愈来愈严密，但社会上替亲人特别是替父母报仇的风气一直存在，其中原因，主要是深层人伦观念始终没有根本转变，社会舆论对此也持同情态度。复仇者纵然受到法律的责罚，也往往会被大众宽谅，反之，则可能招致轻视。影响所及，司法官员面对子女复仇的案件也感到矛盾，往往以天子的赦宥做结。朝廷也往往以对为亲情而违禁复仇者的法外开恩，来达到孝悌风化的目的。如赵娥在被天子赦宥后，州郡长官都送礼物给她以示表彰，这就是对民风的一种引导。这也就无怪乎不顾法禁，执意寻仇者代不乏人了。

参考文献

阮元刻本：《十三经注疏》，中华书局1983年影印版。

叶绍钧：《十三经索引》，中华书局1983年版。

《二十五史》，上海古籍出版社1986年版。

缪文远：《战国策新校注》，巴蜀书社1987年版。

陈子展：《诗经直解》，复旦大学出版社。

荆门市博物馆：《郭店楚墓竹简》，文物出版社1998年版。

苏舆：《春秋繁露义证》，中华书局1992年版。

陈立：《白虎通疏证》，中华书局1994年版。

王利器：《颜氏家训集解》，中华书局1993年版。

《名公书判清明集》，中华书局1987年版。

冯友兰：《三松堂全集》（二、三），河南人民出版社1988年版。

贺麟：《文化与人生》，商务印书馆1988年版。

李泽厚：《中国古代思想史论》，人民出版社1985年版。

范文澜：《唐代佛教》，人民出版社1979年版。

余敦康：《中国哲学论集》，辽宁大学出版社1998年版。

韦政通：《中国的智慧》，中国和平出版社 1988 年版。

瞿同祖：《中国法律与中国社会》，中华书局 1981 年版。

钱穆：《中国文化史导论》，商务印书馆 1993 年版。

梁治平：《“法”辨》，《中国社会科学》1986 年第 4 期。

阎步克：《察举制度变迁史稿》，辽宁大学出版社 1991 年版。

王玉波：《历史上的家长制》，人民出版社 1981 年版。

柳立言：《从法律纠纷看宋代的父权家长制》，（台）《历史语言研究所集刊》第 69 本（1998）第 3 分册。

康乐：《孝道与北魏政治》，（台）《历史语言研究所集刊》第 64 本（1993）第 1 分册。

徐梓：《中华文化通志·家范志》，上海人民出版社 1998 年版。

胡平生：《孝经》，载辛冠洁、丁健生主编《中国古代佚名哲学名著评述》第二卷，齐鲁书社 1984 年版。

宫晓卫：《孝经：人伦的至理》，（香港）中华书局 1996 年版。

后 记

近20年前，1999年秋天的一个下午，时任北京语言文化大学出版社社长杨国章教授打来电话，说他有意改变本社出版选题范围过于狭窄的现状，因为读过我的文章，对其中有关儒家思想的论述有同感，想请我组织阐释传统思想文化方面的书稿供他们出版。其时我从社科院研究生院毕业到北语工作已经三年多，只是天性拙于人际往还，交际范围十分有限，和杨教授未有过任何接触。但也正是因为隔着这份陌生，杨教授电话中传达的信任，让我体会到特别的激励和感动，迄今保留着清晰完整的印象，当时也就很快接受了他的建议。尽管接受之后我也逐渐意识到，这样的任务，实际上超出了我的能力范围。近20年后的今天，在对这册小书进行增补修订时，我首先想到的，就是要对杨教授表示感谢。没有他的信任与动议，可能不会有本书的写作。

本书主题设定，也和我童少年时代的生活阅历有关。我是安徽淮北人，淮北平原上的村落，命名方式大体包括两类，一是以村落主体家族姓氏为名，如“王庄”“费村”“刘屯”等；二是村落主体家族姓氏结合特定标志物为名，如“葛洼”“张桥”“徐瓦房”等。当然也有些村落名就是单纯地理方位或特定标志物，如“坡里”“后窑”“帽山”等，不过这只是个别情况。这种村落命名方式，按我的理解，实际上是种提醒，让外来者通过名称就能注意到村庄和家族之间的对应关系。村庄不仅是地缘性聚集，很大程度上还是宗法血缘组织。五帝公天下，三代家天下，但三代时期“王”对整个“天下”的领有权，很大程度上仍是象征性的。武王灭商，理论上全天下的土地和人民都属于周天子，所谓“普天之下，莫非王土；率土之滨，莫非王臣”（《诗经·小雅·北山》），但实际上，各封国内的政治权力都是世袭罔替的，封国的国君不仅有异姓功臣，而且有殷商旧族。秦汉之后，郡县代封建，中央集权体制沿袭两千多年，直至清末。无论国内还是国际上，都有学者主张把这种体制概括为“东方专制主义”，但需要看到，这种集权体制和现代政治学意义上的专制之间，还是存在很大的区别。所谓“皇权不下县”，意味着县以下的广大乡村地区，基本上处于自治状态，自治的主要依托，就是宗法家族组织。封建时代由诸侯等享有的地方政治权力被收归天子代表的中央后，受生产力发展水平、统治技术等多方面因素限制，更基层的社会秩序管理权仍然不能不保留给社会本身。保留的结果，就是对应于国家政权层面上帝王的“家天下”，还有众多社会细胞组织层面上的“家天下”，百姓乃至“万姓”的“家天下”。许多历史学家都坚持统一的中央王权与“封建”不可能并存，认为用“封建”为秦汉之后的中国社会定性这种做法十分荒谬。但就我个人的感受来说，尽管秦汉至清中国的基本政治制度是君主中央集权，但就全社会范围看又确实保持着某种“封建性”。我的感受依据就在于，几乎每个村落家族都享有相当自治权，甚至王朝政权兴替，对这种具有自治能力的家族内部秩序也可能没有什么明显冲击。1979年进城读高中之前的十几年，我的生活天地，就局限在这种类型的村庄或说家族群落内。

华夏地区星罗棋布的农耕村落，多数都源起于家族的繁衍分蘖。我的老家“韩楼”，经过新中国成立后的多次合并调整，现在已经发展成为包括葛、王、贺、张等其他多个大姓的复合型结构，但最初框架，则由清朝中期迁徙至此垦荒的韩氏兄弟各自娶妻生子后形成的“老五房”奠定。“五四”以后，很多学者都强调儒学与君主集权政治之间的联系，这其中实际上包含着误解成分。秦汉以后的儒家，为了维持自己的影响力，当然有寻求和君权合作并为此调整自己话语方式的侧面，但就根本而言，它始终保持着作为宗法伦理学说的思维方式和价值取向。儒学基本观念对应的不是政治性的“国”，而是文化性的“家”，“家”也是以儒学为主导观念的中华传统文化的主要载体。儒家能够战胜名、墨、道、法等其他各家，确立自己作为主导意识形态的地位，根本原因就在于它比其他各家都更切实地呼应了中国社会现实生活层面深厚的宗法属性。王权政治要想建立稳定的统治秩序，同样不能不正视并尊重这种宗法性的现实，从而也就不能不借重利用儒学。宋明时代儒者常说“百姓日用即道”，反过来也可以说，“道”在伦常日用之中。儒家致力于维护的“道”，不是理论思辨的结果，不是古希腊哲学意义上的逻各斯，而是宗法共同体成员共同认可的人情天理，是其交互性经验中积淀形成的事理情理，这也就是李泽厚所谓“实用理性”的实践根基。对儒家经典文本话语方式和义理脉络的梳理，需要自觉适应儒家之道的这种特性。对于像中国这样广袤而又积淀深厚的文化共同体来说，在多数社会成员基本生存方式没有根本性变化的情况下，无论外来思潮，还是内部运动，所能够产生的触动效应，都不能不具有表层化和即时性的特征。虽经近代之后戊戌变法、辛亥革命、五四运动、抗日战争、土地改革、人民公社化运动、“文革”等诸多冲击，直到20世纪70年代，中国基层社会生活的宗法特征，也仍然相当程度地延续着。当时农村的体制是人民公社框架下的“三级所有，队为基础”，但大队、小队负责人，通常都会同时充当所在家族的领头人。这两种角色貌似冲突对立，实际上在基层社会，却能够建立起微妙的相互支持关系。担任官方负责人是获得家族声望的重要凭借，反过来，在家族群体中享有的威望，对完成官方职责也可以提供有益支持。我童年时周边很多社队在运动阶段都揭露过这样的情况：大队书记和地主或富农是本家，开大会时，书记都命人将地主押到主席台前跪下，却不妨碍晚上回家后在一起喝酒，称兄道弟。“文革”时期，城里有一些父子决裂、夫妻互相告密揭发的案子，农村则很少听说。原因之一，应该是宗法社会结构及伦理观念在农村社会保留得更完整。我祖父是私塾先生，1959年就去世了。但就算在他去世几十年之后，在乡间和老人聊天，还是会遇到有些人特意申明：“我是你爷爷的学生。”话语中透出的那份不仅对老师本人敬重，而且对老师后人亲近的心态，让人不能不为之动容。而其所谓“学生”者，应该也不过就是三五年的童子发蒙而已。总之，就我的观察和感受而言，儒学对应着的是一种文化，一种现实的生存方式，直至20世纪70年代的中国农村，仍相当程度地延续保留着。对儒学观念命题或文本的梳解，应该自觉地与对这种实体性文化存留的观察进行对照。这种对照互释，对于化解现代人由于各种原因而产生的偏见和隔膜，应该能够发挥积极推动作用。

本书初版旧题《孝亲的情怀》，此次新版，内容上作了改写，其中第四部分“恺悌君子”系新增。此次增补修订及本系列编辑，受益于北京语言大学校级项目13ZDJ03的资助。陈雪春女士在选题审核及修订过程中，提供了积极支持及富于启发性的建议，这里我也表示自己的诚挚感谢。

2019年2月于京郊棋盘山居

图书在版编目（CIP）数据

孝悌与君子 / 韩德民著 . —北京：北京联合出版公司，2019.10
（国学关键词著述 / 韩德民主编）
ISBN 978-7-5596-3513-6

Ⅰ. ①孝… Ⅱ. ①韩… Ⅲ. ①孝－文化研究－中国 Ⅳ. ① B823.1

中国版本图书馆 CIP 数据核字 (2019) 第 174430 号

孝悌与君子

著　　者：韩德民
主　　编：韩德民
策划统筹：北京凤凰壹力文化发展有限公司
责任编辑：管　文
特约编辑：蔡时真
封面设计：张　凯
版式设计：鹏飞艺术　周　丹

北京联合出版公司出版
（北京市西城区德外大街 83 号楼 9 层　　100088）
三河市中晟雅豪印务有限公司　　新华书店经销
126 千字　　960 毫米 ×640 毫米　　1/16　　14 印张
2019 年 10 月第 1 版　　2019 年 10 月第 1 次印刷
ISBN 978-7-5596-3513-6
定价：39.80 元
